计算机实用技能

主　审：何建铵　周开阳
主　编：刘　丽　钟　莉
参　编：瞿仁琼　杜玉红　程　婷
　　　　郑　颖　徐　垚

西南师范大学出版社
国家一级出版社　全国百佳图书出版单位

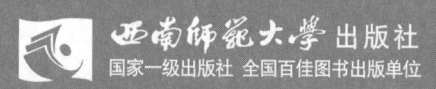

图书在版编目(CIP)数据

计算机实用技能 / 刘丽, 钟莉主编. — 重庆：西南师范大学出版社, 2017.8(2020.8重印)
 ISBN 978-7-5621-8877-3

Ⅰ.①计… Ⅱ.①刘…②钟… Ⅲ.①电子计算机-中等专业学校-教材 Ⅳ.①TP3

中国版本图书馆CIP数据核字(2017)第189541号

计算机实用技能

主　编：刘　丽　钟　莉

责任编辑：	熊家艳
装帧设计：	畅想设计　杨　涵
排　　版：	张　祥
出版发行：	西南师范大学出版社
	地址：重庆市北碚区天生路2号
	邮编：400715
	电话：023-68868624
印　　刷：	重庆荟文印务有限公司
幅面尺寸：	185 mm×260 mm
印　　张：	15.25
字　　数：	305千字
版　　次：	2017年9月　第1版
印　　次：	2020年8月　第2次
书　　号：	ISBN 978-7-5621-8877-3
定　　价：	39.00元

前言

《计算机实用技能》作为中等职业学校计算机专业学生的一门必修课程，以培养学生计算机技能、信息化素养为目标，是后续专业课程学习的基础。本教材既可用作各类中职院校计算机教学的通用教材，也可用作各种形式的计算机入门知识培训教材。

本书结合了中职学生的学习能力与岗位需求，以项目教学为引领，将知识点化解为一个个实际的任务，通过提出任务目标，进行任务分析，结合知识要点展开任务实施与任务拓展，最后进行任务评价。

本书项目设计科学合理、操作性较强，注重技能实训。全书基于Windows 7平台，以Office 2010等应用软件为对象，分为6个项目、26个任务。每个任务针对具体的问题展开研究，将知识储备与任务实施相结合，并根据学生的学习能力进行任务拓展，以计算机实用技能为核心内容，并融入常用工具软件、图形处理软件等的实际操作技能，实施理论与实践一体化教学。

本教材由刘丽、钟莉担任主编，何建铵、周开阳担任主审。全书由刘丽、钟莉统稿，徐垚、瞿仁琼、杜玉红、郑颖、程婷参与编写。其中项目一由徐垚、钟莉编写；项目二由瞿仁琼编写；项目三由杜玉红编写；项目四由刘丽编写；项目五由郑颖编写；项目六由程婷编写。

由于编者知识水平有限，编写的时间仓促，教材中难免有不足及错漏之处，恳请广大读者不吝赐教。

目 录

项目一　计算机基础　1

任务一　认识计算机软件系统　3
任务二　认识计算机硬件　6
任务三　如何选购台式计算机　16
任务四　组装一台计算机　19
任务五　计算机硬件常见故障排除　29

项目二　Windows 7 系统　37

任务一　配置计算机软件　39
任务二　认识Windows 7系统　53
任务三　认识资源管理器　60
任务四　认识Windows 7控制面板　66

项目三　Word文字处理　73

任务一　完成简单文章的录入　75
任务二　文档的编辑与修改　81
任务三　文档格式的设置　85
任务四　图文混排　103
任务五　表格制作　122
任务六　打印文稿　135

项目四 Excel 数据处理   141

    任务一 制作简单表格   143
    任务二 数据计算   149
    任务三 信息查询   165
    任务四 数据分析   171

项目五 PowerPoint 演示文稿   179

    任务一 演示文稿的创建与修饰   181
    任务二 动画设置   200
    任务三 放映和打包演示文稿   206

项目六 常用工具软件   213

    任务一 压缩软件的使用   215
    任务二 视频格式转换软件的使用   221
    任务三 图形处理软件的使用   225
    任务四 杀毒软件的使用   233

项目一

计算机基础

计算机在我们日常生活中是必不可少的工具,它的应用已经普及到各个方面,但是我们真正了解计算机吗?本项目介绍计算机基础知识,教我们如何选购和组装计算机,计算机的系统以及常见的故障排除,让我们真正了解计算机。

知识目标

1. 了解计算机的系统。
2. 了解计算机的硬件。
3. 了解选购计算机的注意事项。
4. 了解如何组装台式计算机。
5. 了解计算机常见故障排除方法。

技能目标

1. 能组装出台式计算机。
2. 能完成计算机常见故障排除。

情感目标

1. 培养学生分析问题、解决问题的能力。
2. 培养学生的团队协作能力。

任务一　认识计算机软件系统

任务目标

通过本任务学习,理解系统软件、应用软件的概念,对计算机软件系统有一个基本的认识。

任务分析

对本次任务做如下分解:

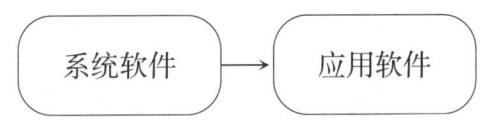

系统软件 → 应用软件

知识储备

计算机已经成为人们生活中必不可少的一样设备了,那么它是如何运行的呢,是通过什么实现人机交互的呢?下面我们就来解析它的神秘。

通常,计算机的软件系统分为系统软件和应用软件。

一、系统软件

一台硬件齐全的计算机是需要安装系统软件才能使用,系统软件大体分为两大类:一是操作系统;二是编译程序。

1.操作系统

操作系统(Operating System,简称OS)是管理和控制计算机硬件与软件资源的程序,是直接运行在"裸机"上的最基本的系统软件。其他任何软件都必须在操作系统的支持下才能运行。操作系统是用户和计算机的接口,同时也是计算机硬件和其他软件的接口。目前微型计算机上常见的操作系统有Windows、Mac OS、DOS、UNIX、LINUX等。图1-1-1为各种操作系统标识。

图1-1-1　常见操作系统标识

2.编译程序

编译程序(Compiling Program)也称为编译器,是指把用高级程序设计语言书写的源程序,翻译成等价的机器语言格式目标程序的翻译程序。编译程序属于采用生成性实现途径实现的翻译程序。它以高级程序设计语言书写的源程序作为输入,而以汇编语言或机器语言表示的目标程序作为输出。编译出的目标程序通常还要经历运行阶段,以便在运行程序的支持下运行,加工初始数据,算出所需的计算结果。

二、应用软件

应用软件(Application Software)是和系统软件相对应的,是用户可以使用的各种程序设计语言,以及用各种程序设计语言编制的应用程序的集合,分为用户程序和应用软件包。应用软件包是指为了利用计算机解决某类问题而设计的程序的集合,供多用户使用。

应用软件是为满足用户不同领域、不同问题的应用需求而提供的特定功能软件。它可以拓宽计算机系统的应用领域,放大硬件的功能。图1-1-2为各种应用软件标识。

图 1-1-2　各种应用软件标识

任务实施
通过收集资料找到三种以上操作系统的诞生时间。

任务拓展
收集五种应用软件并说明其用途和功能。

任务评价

评价内容	评价标准	分值	学生自评	老师评估
软件系统	能熟悉软件系统的架构	40		
操作系统	熟悉常用的操作系统	40		
情感评价	具备分析问题、解决问题的能力	20		
学习体会				

任务二　认识计算机硬件

任务目标

通过任务的学习，熟悉计算机主要硬件的作用和定义，了解硬件的主要品牌，能熟练读出硬件参数，从而对计算机硬件有一个基本认识。

任务分析

对本次任务做如下分解：

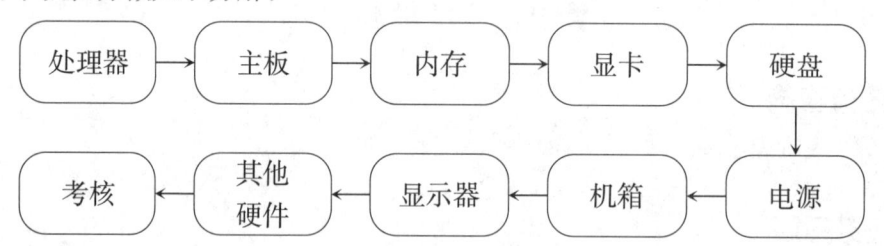

处理器 → 主板 → 内存 → 显卡 → 硬盘 → 电源 → 机箱 → 显示器 → 其他硬件 → 考核

知识储备

我们身边有各种计算机，它们形状各异，性能也不一样，除了这些因素以外它们还有什么不同之处呢？下面就带着疑问来认识一下计算机的硬件。

一、处理器

中央处理器（Central Processing Unit，简称CPU）是一块超大规模的集成电路，是计算机的运算核心和控制核心。它的功能主要是解释计算机指令以及处理计算机软件中的数据。图1-2-1和图1-2-2为两个处理器的参数。

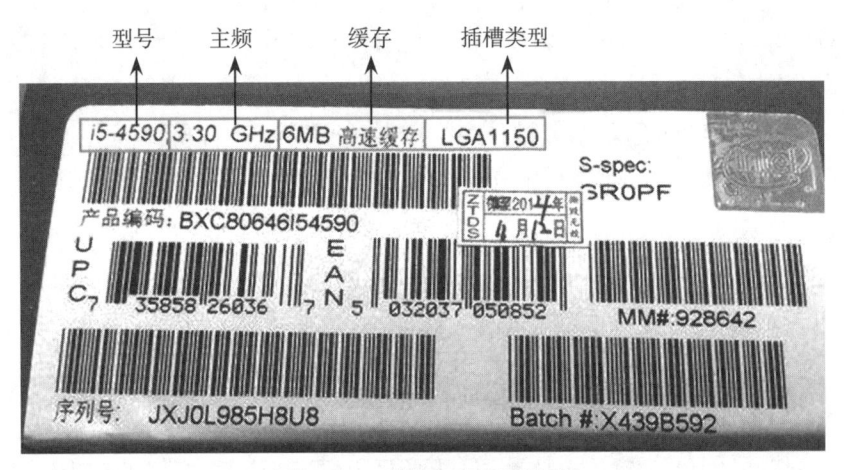

图1-2-1 英特尔处理器参数

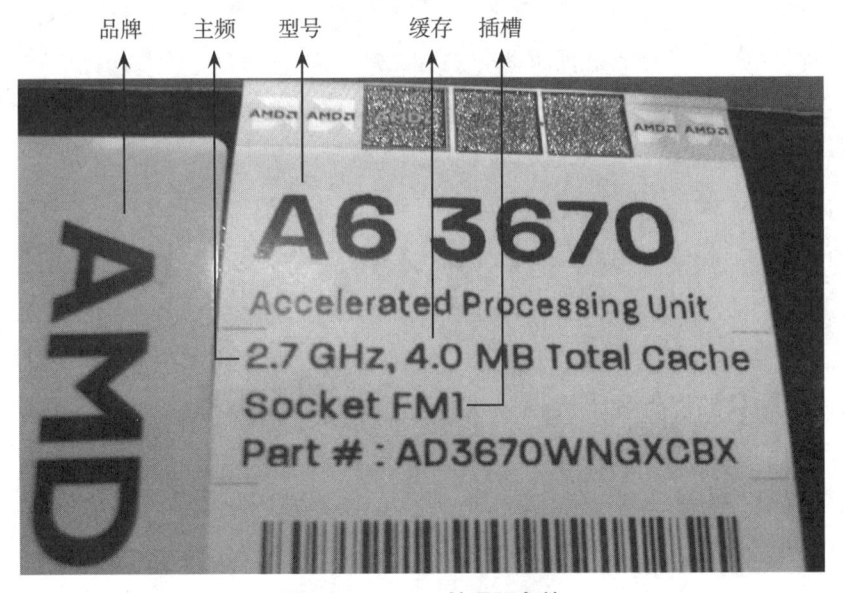

图1-2-2 AMD处理器参数

1.品牌

现在计算机处理器主要由英特尔和AMD两家公司供应。

(1)英特尔处理器。

赛扬(Celeron):英特尔低端CPU系列,主要以价格优势和较强的稳定性吸引了办公和文字输入用户等部分企业低端用户,当然低端家用机市场也很有优势。赛扬系列CPU主要特点是价格低,缺点是性能低。

奔腾(Pentium)：英特尔中低端CPU系列，主要面向基础游戏娱乐用户和基础家庭娱乐用户，以及对文件处理速度要求较高的办公用户。奔腾系列CPU的性价比一直比较高，受到了广大消费者的喜爱。奔腾系列CPU的主要特点是性价比高。

酷睿(Core)：英特尔中高端CPU系列，主要面向中高端游戏用户以及中高端的办公用户，尤其受到许多游戏玩家的青睐。酷睿系列CPU的主要特点是性能强劲，节能高效，热量小；缺点是价格高，目前深受家庭用户的欢迎。

英特尔在酷睿的基础上区分了i3、i5、i7三个系列，i3定位中端，i5定位中高端，而i7定位高端。

(2)AMD处理器。

闪龙系列(低端)：单核心、双核心，只能满足上网、办公、看电影的需求。

速龙系列(中端)：双核心、三核心、四核心、多核心，满足上网、办公、看电影需求外，还可以运行网络游戏或大型单机游戏。

羿龙系列(高端)：双核心、三核心、四核心、六核心，发烧级处理器，运行常用的网络应用都没有问题，还能最高效果运行发烧级大型游戏。

2.主频和缓存

主频也叫时钟频率，单位是兆赫(MHz)或千兆赫(GHz)，用来表示CPU运算和处理数据的速度。通常，主频越高，CPU处理数据的速度就越快。

缓存大小也是CPU的重要指标之一，而且缓存的结构和大小对CPU速度的影响非常大。CPU内缓存的运行频率极高，一般是和处理器同频运作，工作效率远远大于系统内存和硬盘。实际工作时，CPU往往需要重复读取同样的数据块。而缓存容量的增大，可以大幅度提升CPU内部读取数据的命中率，不用再到内存或者硬盘上寻找，提高系统性能。

3.插槽

常见的插槽：LGA750、LGA1150、LGA1151、LGA1155、LGA1156、LGA1366、LGA2011(英特尔公司)；Socket FM1、Socket FM2、Socket FM2+、Socket AM3、Socket AM3+(AMD公司)。

二、主板

主板(Motherboard/Mainboard，简称Mobo)，又称主机板、系统板、逻辑板、母板、底板等，是构成复杂电子系统例如电子计算机的中心或者主电路板。

典型的主板能提供一系列接合点，供处理器、显卡、声卡、硬盘、存储器、对外设备等接合，通常直接插入有关插槽，或用线路连接。主板上最重要的构成组件是芯片组

(Chipset)。而芯片组通常由北桥和南桥组成，也有些以单片机设计，增强其性能。这些芯片组为主板提供一个通用平台供不同设备连接，控制不同设备的沟通。它也包含对不同扩充插槽的支持，例如处理器、外设部件互连标准(PCI)、ISA、加速图形接口(AGP)和PCI Express。芯片组还为主板提供额外功能，例如集成显核(内置显核)、集成声卡(也称内置声卡)。一些高价主板还可集成红外通信技术、蓝牙和Wi-Fi(802.11)等功能。主板如图1-2-3所示。

图1-2-3 主板

三、内存

内存(Memory)是计算机中重要的部件之一。计算机中所有程序的运行都是在内存中进行的，因此内存对计算机性能的影响非常大。内存也被称为内存储器，其作用是暂时存放CPU中的运算数据以及与硬盘等外部存储器交换的数据。只要计算机在运行，CPU就会把需要运算的数据调到内存中进行运算，当运算完成后，CPU再将结果传送出来，内存的运行决定了计算机是否稳定运行。内存是由内存芯片、电路板、金手指等部分组成的。内存如图1-2-4所示。

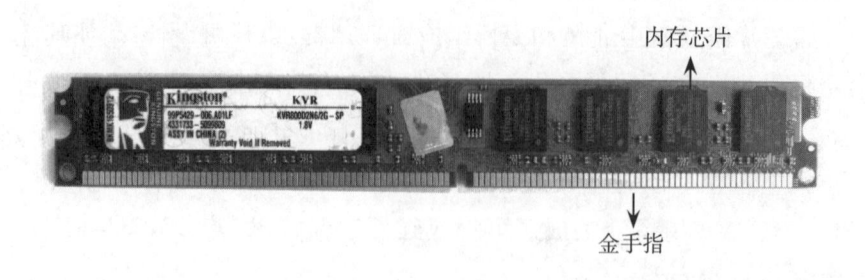

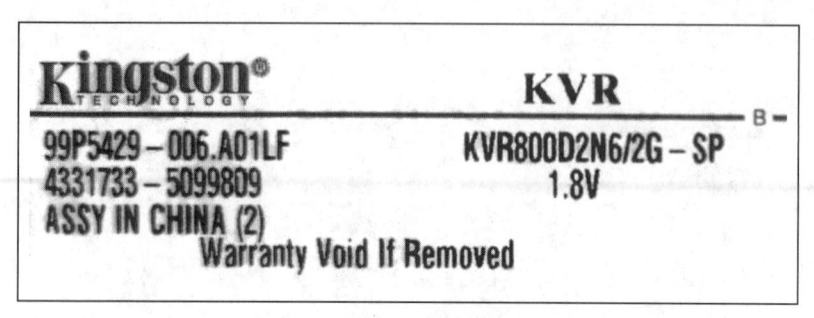

图1-2-4 内存

四、显卡

显卡（Video/Graphics Card）全称显示接口卡，又称显示适配器，是计算机最基本、最重要的配件之一。显卡作为计算机主机里的一个重要组成部分，是计算机进行数模信号转换的设备，承担输出和显示图形的任务。显卡接在计算机主板上，它将计算机的数字信号转换成模拟信号让显示器显示出来，同时显卡还有图像处理能力，可协助CPU工作，提高整体的运行速度。对于从事专业图形设计的用户来说显卡非常重要。民用和军用显卡图形芯片供应商主要包括AMD（美国超微半导体公司）和Nvidia（英伟达）两家。在科学计算中，显卡被称为显示加速卡。显卡如图1-2-5所示。

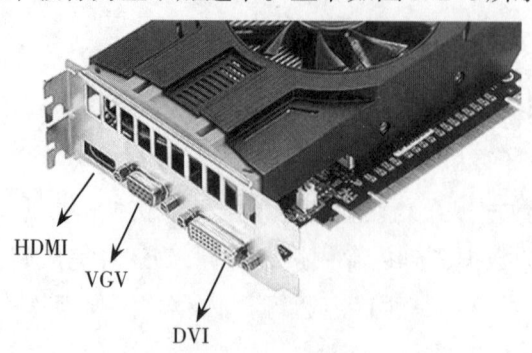

图1-2-5 显卡图解

显卡分为核芯显卡、集成显卡、独立显卡三种。

1. 核芯显卡

核芯显卡是英特尔公司新一代的智能图形核心。和以往的显卡设计不同,英特尔公司凭借其在处理器制程上的先进工艺以及新的架构设计,将图形核心与处理核心整合在同一块基板上,构成一个完整的处理器。智能处理器这种设计上的整合大大缩减了处理核心、图形核心、内存及内存控制器间的数据周转时间,有效提升处理效能并大幅降低芯片组整体功耗,有助于缩小核心组件的尺寸,为笔记本、一体机等产品的设计提供了更宽广的空间。

核芯显卡和传统意义上的集成显卡并不相同。笔记本平台采用的图形解决方案主要有独立显卡和集成显卡两种。前者拥有单独的图形核心和独立的显存,能够满足复杂庞大的图形处理需求,并提供高效的视频编码应用;集成显卡则将图形核心以单独芯片的方式集成在主板上,并且动态共享部分系统内存作为显存,提供简单的图形处理能力,以及较为流畅的编码应用。相对于前两者,核芯显卡则将图形核心整合在处理器当中,进一步加强了图形处理的效率,并把集成显卡中的"处理器+南桥+北桥(图形核心+内存控制+显示输出)"三芯片解决方案精简为"处理器(处理核心+图形核心+内存控制)+主板芯片(显示输出)"的双芯片模式,有效降低了核心组件的整体功耗,更利于延长笔记本的续航时间。

核芯显卡的优点:低功耗是核芯显卡的最主要优势。由于新的精简架构及整合设计,核芯显卡对整体能耗的控制更加优异,高效的处理性能大幅缩短了运算时间,进一步减少了系统平台的能耗。高性能也是它的主要优势。核芯显卡拥有诸多优势技术,可以带来强劲的图形处理能力,相较前一代产品其性能的进步十分明显。核芯显卡可支持 DX10/DX11、SM4.0、OpenGL2.0 以及全高清 MPEG2/H.264/VC-1 格式解码等技术,完全满足普通用户的需求。

核芯显卡的缺点:配置核芯显卡的 CPU 价格较高,同时低端核芯显卡难以胜任大型游戏。

2. 集成显卡

集成显卡是将显示芯片、显存及相关电路都集成在主板上,与主板融为一体的元件。有的集成显卡的显示芯片是单独的,但大部分都集成在主板的北桥芯片中。有些集成显卡,也在主板上单独安装了显存,但其容量较小,集成显卡的显示效果与处理性能相对较弱,不能对显卡进行硬件升级,但可以通过 CMOS 调节频率或刷入新 BIOS 文件实现软件升级来挖掘显示芯片的潜能。

集成显卡的优点：功耗低、发热量小，部分集成显卡的性能已经可以媲美入门级的独立显卡，性价比高。

集成显卡的缺点：性能相对较低，且固化在主板或CPU上，无法更换，如果必须换，就只能换主板。

3.独立显卡

独立显卡是指将显示芯片、显存及其相关电路单独做在一块电路板上，作为一块独立的板卡存在，它需占用主板的扩展插槽（ISA、PCI、AGP或PCI-E）。

独立显卡的优点：单独安装有显存，一般不占用系统内存，在技术上也较集成显卡先进得多，性能也不差于集成显卡，容易进行显卡的硬件升级。

独立显卡的缺点：系统功耗有所加大，发热量也较大，同时占用更多空间（特别是对笔记本电脑）。需额外购买显卡。

独立显卡由于性能不同，其应用也不一样。独立显卡实际分为两类：一类是专门为游戏设计的娱乐显卡；一类则是用于绘图和3D渲染的专业显卡。

五、硬盘

硬盘是计算机系统的数据存储器。它是计算机主要硬件之一，是用来安装操作系统和软件，储存电影、游戏、音乐等的一个数据容器。硬盘分为固态硬盘（SSD，如图1-2-6所示）和机械硬盘（HDD，如图1-2-7所示）。SSD采用闪存颗粒来存储，HDD采用磁性碟片来存储。

图1-2-6　固态硬盘　　　　　　　　图1-2-7　机械硬盘

作为计算机系统的数据存储器，容量是硬盘最主要的参数。

硬盘的容量以兆字节(MB)、千兆字节(GB)或百万兆字节(TB)为单位,而常见的换算式为:1 TB=1 024 GB,1 GB=1 024 MB,而 1 MB=1 024 KB。硬盘厂商通常使用"GB",但按照 1 GB=1 000 MB 计算;而 Windows 系统依旧以"GB"字样来表示"千兆字节"单位(1 GB=1 024 MB),因此我们在 BIOS 中或在格式化硬盘时看到的容量会比厂家的标称值要小。

六、电源

计算机属于弱电产品,也就是说部件的工作电压比较低,一般在±12 V 以内,并且是直流电。而普通的市电为 220 V(有些国家为 110 V)交流电,计算机部件不能直接使用。因此计算机和很多家电一样,需要一个电源(如图 1-2-8 所示)将普通市电转换为计算机可以使用的电压,电源一般安装在计算机内部。计算机的核心部件工作电压非常低,并且计算机工作频率非常高,因此对电源的要求比较高。目前计算机的电源为开关电路,将普通交流电转为直流电,再通过斩波控制电压,将不同的电压分别输出给主板、硬盘、光驱等计算机部件。

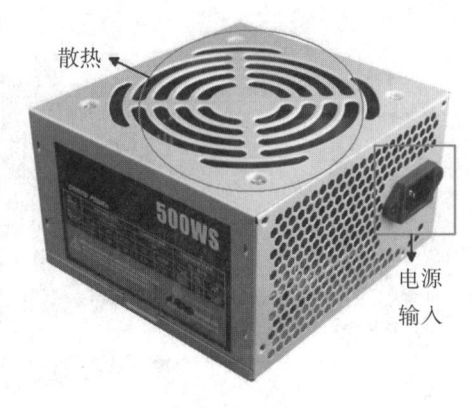

图 1-2-8　电源

七、机箱

机箱(如图 1-2-9 所示)一般包括外壳、支架以及面板上的各种开关、指示灯等。

机箱的主要作用是放置和固定各计算机部件,起到承托和保护作用。此外,计算机机箱具有屏蔽电磁辐射的重要作用。虽然在组装计算机时机箱不是很重要的配置,但是使用质量不好的机箱容易让主板接触机箱短路,使计算机系统变得很不稳定。

图1-2-9 机箱

八、显示器

显示器(Display,如图1-2-10所示)通常也被称为监视器。显示器是属于计算机的输入输出设备(IO设备)。它是一种将一定的电子文件通过特定的传输设备显示到屏幕上再反射到人眼的显示工具。

图1-2-10 显示器

九、其他硬件

计算机的其他硬件以及外部设备种类繁多,如光驱、鼠标、键盘、音箱、摄像头、优盘、打印机等。

任务实施

根据图片说出硬件名称。

任务拓展

收集资料写出 i5 6500 处理器的主频、缓存、卡槽类型、品牌。

任务评价

评价内容	评价标准	分值	学生自评	老师评估
硬件名称	熟悉计算机各硬件的名称	40		
硬件参数	熟练读出硬件参数	40		
情感评价	具备分析问题、解决问题的能力	20		
学习体会				

计算机实用技能

任务三　如何选购台式计算机

任务目标

通过本任务学习，熟悉计算机及其部件的相关品牌，了解每种品牌的优劣势，能够根据需求完成台式计算机选购。

任务分析

对本次任务做以下分解：

了解各种台式机及其部件 → 完成选购

知识储备

在电子产品飞速发展的时代，台式计算机产品也层出不穷，究竟如何选购一台满意的台式机计算机呢？下面我们就来了解台式计算机的种类。

一、品牌机

品牌机，顾名思义就是有明确品牌标识的计算机。它是由生产厂家组装，并且经过兼容性测试，正式对外出售的整套的计算机。品牌机有质量保证以及完善的售后服务。

选择品牌机的优势在于：

（1）销售运营合理规范，价格比较统一，不会买到假货，商家一般不会乱抬价。品牌机的价格通常高于组装机的价格。

（2）产品检测严格，质量可靠，生产环保。品牌机出厂前会测试，以保证产品稳定性和质量符合国家和行业相关标准。随着技术的进步，品牌机在兼容性方面，与组装机几乎没有差别。

(3)享受品牌文化。当今社会,选择一种品牌,便是选择一种时尚生活,选择一种进取精神。不管是对个人用户还是商业办公用户而言,品牌计算机代表着高性能、高品质。惠普(HP)、联想(Lenovo)、戴尔(Dell)……每一个品牌的背后,都有一种艰苦奋斗、开拓进取的创业精神,这种精神激励用户开创更广阔的事业。这种优秀的企业文化是购买组装机时无法感受到的。

(4)售后服务完善。基本上每个品牌商都会免费上门服务一定时间。

(5)潜在价值,物有所值。品牌计算机具有不少潜在的价值,如预装正版操作系统、购机优惠大礼等。操作系统是计算机必备的基本软件。微软的Windows系列是目前市场占有率最高的操作系统。品牌计算机厂商向微软购买一定数量的正版操作系统,用于其品牌计算机的预装。有时,在节假日购买还会送杀毒软件套装,这也是品牌机用户享受的实惠。并且品牌机会附带各种各样的工具软件,方便大家学习和工作使用。

但品牌机也有缺点:价格高,配置不够好,搭配不灵活(不能随意换配件),显卡与CPU性能不匹配等。

二、组装机

组装机是将各种配件(包括CPU、主板、内存、硬盘、显卡、光驱、机箱、电源、键盘、鼠标、显示器)组装到一起的计算机。与品牌机不同的是,组装机可以自己买硬件组装,也可以到配件市场组装。组装机可根据用户要求随意搭配,价格便宜、性价比高。

组装机占领了大部分的计算机市场,其技术也比较成熟。组装机无论是在兼容性,还是在质量方面都很少出现问题了。选择品牌配件是关键,尽量选择大厂家的配件,下面为大家介绍各种配件的品牌。

主板:华硕、技嘉、微星、精英、EVGA等。

硬盘:希捷、西部数据、日立、三星等。

内存:金士顿、宇瞻、威刚、芝奇、海盗船、TEAM、富豪等。

显卡:华硕、索泰、影驰、讯景、蓝宝石、迪兰恒进、丽台、微星、景钛等。七彩虹属于同德等厂商代工的通路货。

光驱:先锋、华硕、明基、三星、LG、飞利浦、索尼等。

电源:安钛克、海韵、康舒、TT、酷冷至尊、现代等。航嘉、长城属于国产品牌中比较好的。

显示器:三星、长城、飞利浦、LG、翰视奇、AOC、明基、宏碁等。

键盘、鼠标:罗技、雷柏、双飞燕、微软、新贵、多彩、力胜等。

音箱:漫步者、惠威、麦博、山水、三诺等。

机箱:思民、联力、银欣、TT、酷冷至尊、东方城、多彩等。

选择组装机的优势在于：

（1）组装机搭配随意，可根据用户要求随意搭配。DIY配件市场淘汰速度比较快，品牌机很难跟上其更新的速度，比如说有些在配件市场已经淘汰了的配件，依然出现在品牌机上；再比如说 ATI 系列推出5550、5770系列显卡，在 DIY 配件市场早已卖得如火如荼了，但在品牌机上还没见到过这么好的显卡。

（2）价格优势。计算机配件市场组装计算机环节少，利润也低。组装机价格往往低于品牌机。品牌机流通环节多，利润相比之下要高，所以没有价格优势。值得注意的是，品牌机生产商往往会降低主板和显卡的成本。这是由于大部分计算机初学者，主要看硬盘大小和CPU高低，而忽略了主板和显卡的重要性。

但组装机也具有一定的局限性：

（1）从政策上来说，品牌机拥有无可比拟的政策优势，而对组装机限制较多。

（2）售后服务上来说，组装机比不上品牌机。

（3）从竞争上来说，在一些竞争比较激烈的大中城市，组装机配件的价格已经接近透明，利润空间很小，这也是以后组装机业内面临的一个问题。

任务实施

根据情况完成选购并说明理由。

（1）李明想买一台台式计算机，要求省心省事，预算充足。

（2）张雪想买一台实惠的台式计算机，但要求显卡配置高。

任务拓展

拟出三个选购台式计算机的要求，按照三个要求选购一台合适的台式计算机，并说明理由。

任务评价

评价内容	评价标准	分值	学生自评	老师评估
品牌机	熟悉品牌机的优点与缺点	40		
组装机	熟悉组装机的优点与缺点	40		
感情评价	具备分析问题、解决问题的能力	20		
学习体会				

任务四 组装一台计算机

任务目标

通过本任务学习，了解该如何选配计算机硬件，最后组装出一台计算机。

任务分析

对本次任务做如下分解：

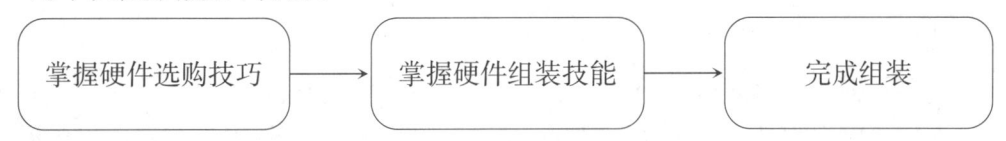

掌握硬件选购技巧 → 掌握硬件组装技能 → 完成组装

知识储备

通过任务二的学习，我们了解到台式机主要硬件有处理器、主板、内存、显卡、硬盘、电源、机箱、显示器等。硬件的接口都有差异，种类特别繁多，在这里我们用最简单的方法进行快速选购。

例如：选购一台中端计算机。

一、处理器

从前面的学习了解到英特尔i3和AMD速龙属于中端级别。我们选择i3处理器，通过搜索了解到i3处理器有i3 4170、i3 4130、i3 3240、i3 3220等多种型号，用对比主频参数的方法进行比较，主频越大性能越好，主频相同的情况下就对比后缀，数值越大性能越好。通过对比i3 4170比较出色。

二、主板

i3 4170插槽接口LGA1150，相对应地找到LGA1150插槽的主板，LAG1150插槽主板有H81、B85、H87、Z87、Z97等型号。在用于英特尔处理器的主板的型号中，第一个字母的含义：H是低端主板；B是中端主板；Z是高端主板，所以选择B85。型号确认了就要选择主板品牌，常见的有华硕、技嘉、微星、七彩虹、映泰、梅捷、盈通等。品牌选择很简单，购买常见品牌即可，不要购买没听说过的品牌，没有质量保证。选择华硕B85主板。

三、内存

根据华硕B85主板的参数介绍,其支持DDR3内存、SATA数据接口、PCI-E显卡接口。内存型号确定后选择品牌,常见的品牌有金士顿、威刚、海盗船等。选择方法:购买常见品牌即可。华硕B85主板参数显示内存条最大支持32 GB,中端计算机选择8 GB足够了。内存选择金士顿DDR38GB。

四、显卡

华硕B85主板参数介绍,主板集成显卡,有独立显卡插槽PCI-E(现在主流接口都是采用PCE-E接口)。配置一台中端计算机还是需要装独立显卡的。通过显卡天梯图了解到GTX750属于中端配置,显卡常见品牌有影驰、七彩虹、蓝宝石、技嘉、华硕等,购买常见品牌即可。选择影驰GTX750。

五、硬盘

根据华硕B85主板参数介绍,其为SATA数据接口,现在硬盘基本是采用SATA接口。现在主流的两大品牌希捷、西部数据,主要区别在售后服务,希捷质保两年包换,西部数据质保三年。硬盘的容量现在一般是500GB、1TB、2TB。选择西部数据1TB。

六、电源、机箱

选择的主板和显卡对电源没有太大的要求。某些显卡需要单独供电;主板需要水冷散热等。根据硬件功耗之和选择定额300 W电源足够。电源常见品牌有金河田、航嘉、长城,购买常见品牌即可。选择长城300 W电源。

机箱大小主要以内部硬件尺寸作为参考,一般根据主板和显卡的尺寸选购。常见的品牌有爱国者、航嘉、长城、金河田等,购买常见品牌即可。选择长城机箱。

七、显示器

独立显卡输出接口为DVI、HDMI。显示器常见品牌有三星、飞利浦、华硕、联想、优派、清华同方、宏碁等,购买常见品牌即可。选择清华同方(DVI接口)23寸显示器。

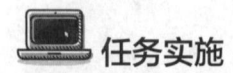

任务实施

一、主板

主板上各个接口图解如图1-4-1所示。

图 1-4-1　主板接口

二、处理器

处理器安装到主板是有方向性的,处理器左下角那个金色的三角形要与主板处理器插槽黑色三角对应,两者必须重合才可以安装。CPU 安装如图 1-4-2 所示。

图 1-4-2　处理器安装

三、散热器

（1）散热器的固定挡板安装在主板上，将挡板上双面胶撕下，挡板的四个螺帽对应主板的四个孔，如图1-4-3所示。

图1-4-3　安装散热器固定挡板

（2）处理器上均匀涂抹散热膏，如图1-4-4所示。

图1-4-4　均匀涂抹散热膏

（3）散热器四个脚对应主板四个螺丝孔，如图1-4-5所示，然后用螺丝刀加以固定，如图1-4-6所示。

项目一　计算机基础

图1-4-5　散热器的四个脚对齐主板螺丝孔　　　　图1-4-6　固定散热器

（4）散热器供电线连接主板接口，如图1-4-7所示。

散热器供电线

图1-4-7　连接散热器供电线

四、内存条

（1）内存条上的缺口对齐内存槽的缺口，如图1-4-8所示。
（2）将内存条用力按压直至内存条卡扣合起，如图1-4-9所示。

内存条缺口对齐内存条插槽缺口

图1-4-8 内存条与插槽对应位置

图1-4-9 按压扣合内存条

五、主板

(1)安装主板挡板,如图1-4-10所示。

(2)根据主板大小调节螺帽安装位置,如图1-4-11所示。

(3)主板对齐机箱螺帽后进行固定,如图1-4-12所示。

图1-4-10 安装主板挡板

项目一　计算机基础

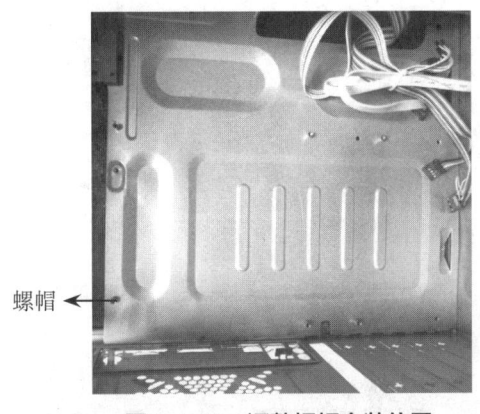

图1-4-11　调整螺帽安装位置　　　　图1-4-12　固定主板

六、电源及硬盘安装

（1）电源上的螺丝孔和机箱的螺丝孔对齐并进行固定，如图1-4-13所示。

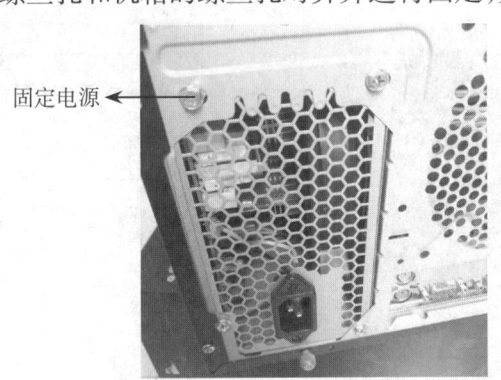

图1-4-13　电源安装

（2）硬盘送入硬盘仓用螺丝进行固定，如图1-4-14所示。

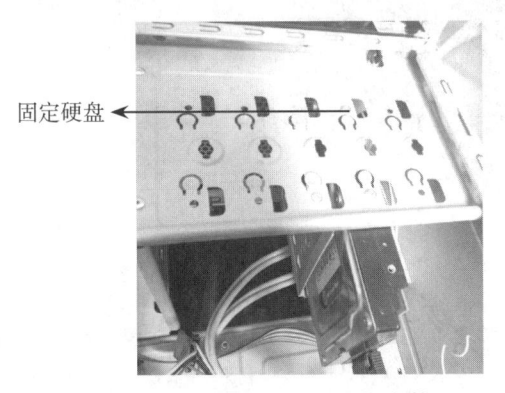

图1-4-14　硬盘安装

七、连接电源线、数据线

各个接口如图1-4-15所示。

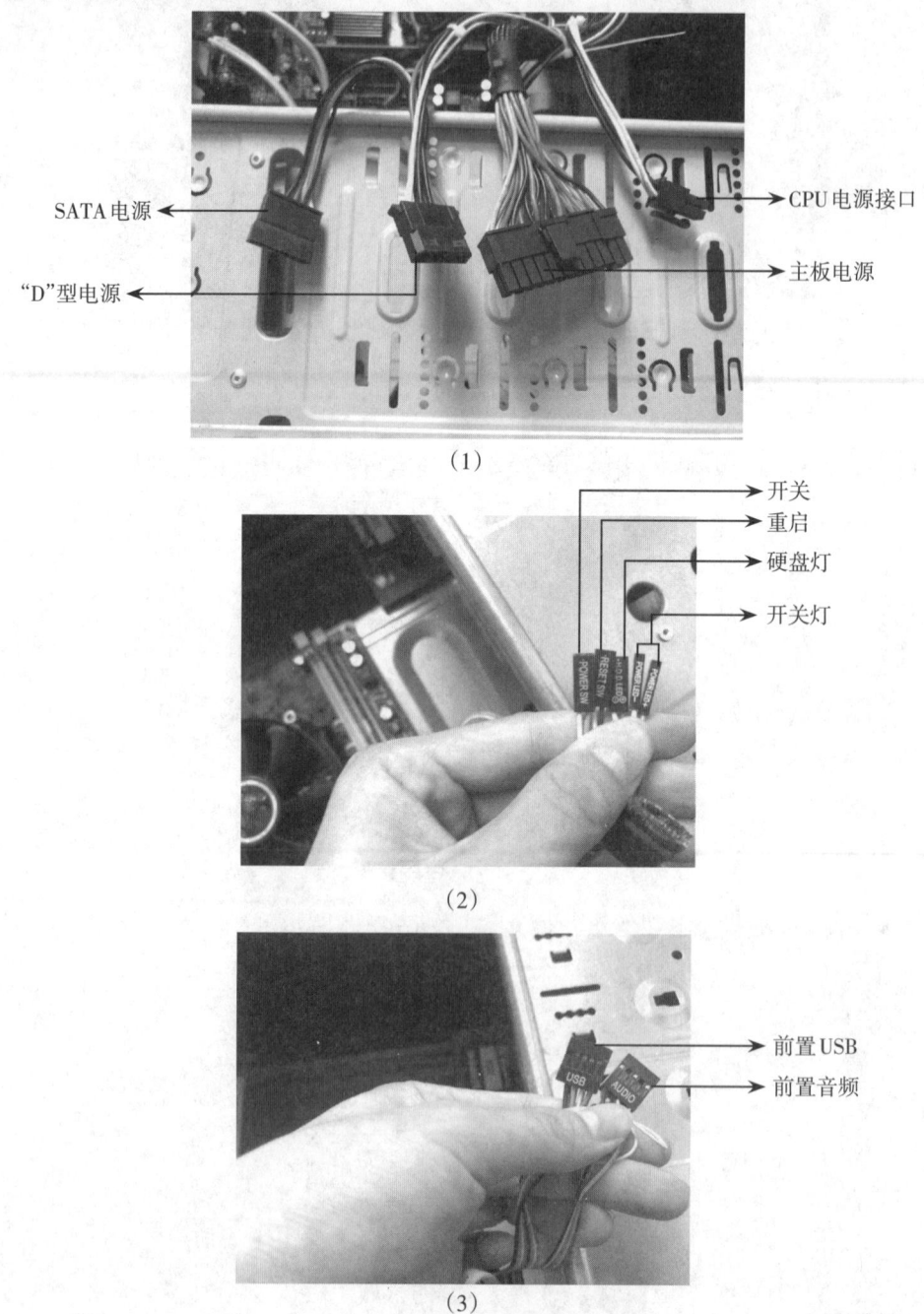

SATA电源
"D"型电源
CPU电源接口
主板电源

（1）

开关
重启
硬盘灯
开关灯

（2）

前置USB
前置音频

（3）

图1-4-15　电源线、数据线接口图

按照主板上的标识安装跳线，需要注意接口有防呆设计。

八、测试

(1) 连接电源线,如图1-4-16所示。

(2) 连接显示器线,如图1-4-17所示。

(3) 显示器有信息显示,测试完成,如图1-4-18所示。

图1-4-16 连接电源线

图1-4-17 连接显示器线

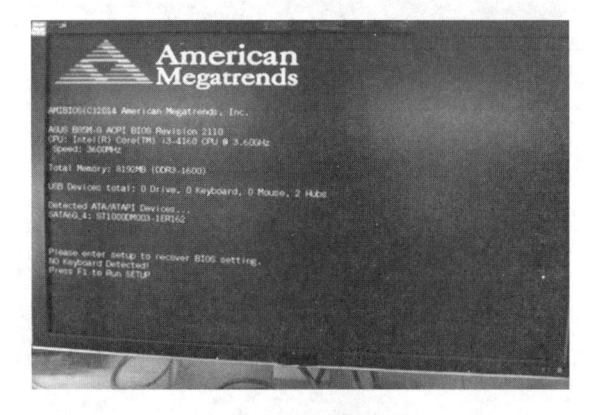

图1-4-18 测试完成

任务拓展

在网上收集资料，自主完成一台高端台式机的配置清单填写。

配件名称	品牌型号	价格
处理器		
散热器		
主板		
内存		
显卡		
硬盘		
机箱		
电源		
显示器		
参考总价		
推荐理由		

任务评价

评价内容	评价标准	分值	学生自评	老师评估
硬件选购	了解选购技巧	40		
硬件组装	熟练组装各硬件设备	40		
情感评价	具备分析问题、解决问题的能力	20		
学习体会				

任务五 计算机硬件常见故障排除

任务目标

通过本任务学习,对计算机硬件故障具备独立分析能力,能够自主排除计算机硬件常见故障。

任务分析

对本次任务做如下分解:

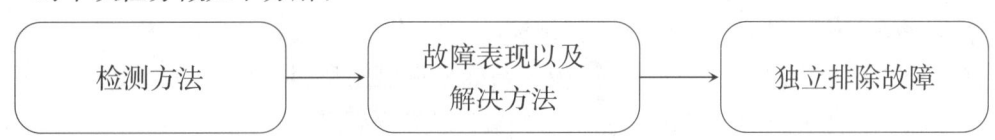

检测方法 → 故障表现以及解决方法 → 独立排除故障

知识储备

一、检测方法

目前,计算机硬件故障的常用检测方法主要有以下几种。

1.清洁法

对于使用环境较差或使用时间较长的计算机,应首先进行清洁。可用毛刷轻轻刷去主板、外部设备上的灰尘。如果灰尘已清洁或无灰尘,就进行下一步检查。另外,由于板卡上一些插卡或芯片采用插脚形式,所以,震动、灰尘等原因常会造成引脚氧化,接触不良。可用橡皮擦去表面氧化层,重新插接好后,开机检查故障是否已被排除。

2.直接观察法

直接观察法即"看、听、闻、摸"。

"看"即观察系统板卡的插头、插座是否歪斜;电阻、电容引脚是否相碰,表面是否烧焦;芯片表面是否开裂;主板上的铜箔是否烧断。还要查看是否有异物掉进主板的元器件之间(造成短路),以及板上是否有烧焦变色的地方,印制电路板上的走线(铜箔)是否断裂等。

"听"即监听电源风扇、硬盘电机等设备的工作声音是否正常。系统发生短路故障时常常伴随着异常声响。监听可以及时发现一些事故隐患,以便在事故发生前采取措施。

"闻"即辨闻主机、板卡中是否有烧焦的气味,便于发现故障和确定短路之处。

"摸"即用手按压管座的活动芯片,查看芯片是否松动或接触不良。

另外,在系统运行时,用手触摸或靠近CPU、显示器、硬盘等设备的外壳,根据温度可以判断设备运行是否正常;在计算机刚运行完毕并关掉电源后,用手触摸一些芯片的表面,如果发烫,则该芯片可能已损坏。

3.拔插法

计算机故障的产生原因很多,例如,主板自身故障、I/O总线故障、各种插卡故障均可导致系统运行不正常。拔插法是确定主板或I/O设备故障的简便方法。具体操作是,关机将插件板逐块拔出,每拔出一块板就开机观察机器运行状态。一旦拔出某块后主板运行正常,那么故障原因就是该插件板故障或相应I/O总线插槽及负载故障。若拔出所有插件板后,系统启动仍不正常,则故障很可能发生在主板上。

拔插法的另一含义是:一些芯片、板卡与插槽接触不良,将这些芯片、板卡拔出后再重新正确插入,便可解决因接触不良引起的计算机部件故障。

4.交换法

将同型号插件板或同型号芯片相互交换,根据故障现象的变化情况,判断故障所在。此法多用于易拔插的维修环境,例如,如果内存自检出错,可交换相同的内存条来判断故障部位。若所换元件不存在问题,则故障现象依旧;若换后故障现象变化,则说明交换的元件中有一块是坏的,可进一步通过逐块交换而确定部位。如果能找到相同型号的计算机部件或外部设备,那么使用交换法可以快速判定元件本身是否有质量问题。

5.比较法

运行两台或多台相同或相类似的计算机,根据正常计算机与故障计算机在执行相同操作时的不同表现,可以初步判断故障发生的部位。

此外,还可以采用原理分析法、升温降温法、震动敲击法、软件测试法等传统方法来分析和检测计算机故障。

二、故障表现以及解决方法

1.内存故障

内存故障大部分都是假性故障或软故障,在使用交换法排除了内存自身质量问题后,应将诊断重点放在以下几个方面。

（1）接触不良故障。内存与主板插槽接触不良，内存控制器出现故障。这种故障表现为：打开主机电源后屏幕显示"无信号"等出错信息。解决方法是：仔细检查内存是否与插槽保持良好的接触。如果怀疑内存接触不良，关机后将内存取下，重新装好即可。内存接触不良会导致启动时发出警示声。

（2）内存出错。Windows系统中运行的应用程序非法访问内存、内存中驻留太多应用程序、活动窗口打开太多、应用程序相关配置文件不合理等原因均能导致屏幕出现有关内存出错的信息。解决方法是：清除内存驻留程序、减少活动窗口、调整配置文件、重装系统等。

（3）病毒影响。病毒程序驻留内存、BIOS参数中内存值被病毒修改，将导致内存值与实际内存大小不符、内存工作异常等现象。解决办法是：采用杀毒软件杀除病毒；如果BIOS中参数被病毒修改，先将CMOS短接放电，重新启动机器，进入CMOS后仔细检查各项硬件参数，正确设置有关内存的参数值。

（4）内存与主板不兼容。在新配计算机或升级计算机时，选择了与主板不兼容的内存。解决方法：首先升级主板的BIOS，看是否能解决问题，如果仍无济于事，就只能更换内存。

2.CPU故障

CPU的故障类型不多，常见的有如下几种。

（1）CPU与主板没有接触好。当CPU与主板插座接触不良时，往往会被认为是CPU烧毁。这类故障很简单，也很常见。其表现是无法开机、无显示，处理办法是重新插拔。

（2）CPU工作参数设置错误。此类故障通常表现为无法开机或主频不正确，其原因一般是CPU的工作电压、外频、倍频设置错误所致。处理方法是先清除CMOS，再让BIOS来检测CPU的工作参数。

（3）其他设备与CPU工作参数不匹配。这类故障最常见的是内存的工作频率达不到CPU的外频，导致CPU主频异常，处理办法是更换内存。

（4）CPU温度过高。CPU温度过高也会导致计算机出现许多异常现象，例如自动关机等。可能的原因包括：硅胶过多或过少，风扇损坏或老化，散热片需要清洁，散热片安装过松或过紧，导致受力不均匀等。

（5）其他部件故障。当主板、内存、电源等出现故障时，往往也会认为是CPU故障。判断这类假故障的方法很简单，只需要将CPU交换到其他主机试验一下即可。

3. 主板故障

随着主板电路集成度的不断提高及主板价格的降低,其可维修性也越来越低。主板常见的故障有如下几种。

(1)元器件接触不良。主板最常见的故障就是元器件接触不良,主要包括芯片接触不良、内存接触不良、板卡接触不良几个方面。板卡接触不良会造成相应的功能丧失,有时也会出现一些奇怪的现象。比如声卡接触不良会导致系统检测不到声卡;网卡接触不良会导致网络不通;显卡接触不良,除了导致显示异常或死机外,还可能会造成开机无显示,并发出报警声。

(2)开机无显示。由于主板原因,出现开机无显示故障一般是因为主板损坏或被病毒破坏BIOS所致。BIOS被病毒破坏后硬盘里的数据将部分或全部丢失,可以通过检测硬盘数据是否完好来判断BIOS是否被破坏。

(3)主板IDE接口或SATA接口损坏。出现此类故障一般是由于用户带电插拔相关硬件造成的,为了保证计算机性能,建议更换主板予以彻底解决。

(4)BIOS参数不能保存。此类故障一般是由于主板电池电压不足造成的,只需更换电池即可。

(5)计算机频繁死机,即使在BIOS设置时也会死机。在设置BIOS时发生死机现象,一般是主板或CPU有问题,只有更换主板或CPU。出现此类故障一般是由于主板散热不良引起的。如果在计算机死机后触摸CPU周围主板元件,发现温度非常高,说明是散热问题,需要清洁散热片或更换大功率风扇。

4. 硬盘故障

计算机中40%以上的故障都是因为硬盘故障而引起的。随着硬盘的容量越来越大,转速越来越快,硬盘发生故障的概率也越来越高。硬盘损坏不像其他硬件那样有可替换性,因为硬盘上一般都存储着用户的重要资料,一旦发生不可修复的故障,损失将无法估计。常见的硬盘故障有如下几种。

(1)Windows初始化时死机。这种情况比较复杂,首先应该排除其他部件出现问题的可能性,如系统过热或病毒破坏等,如果最后确定是硬盘故障,应赶快备份数据。

(2)运行程序出错。进入Windows后,运行程序出错,同时运行磁盘扫描程序时缓慢、停滞甚至死机。如果排除了软件的设置问题,就可以肯定是硬盘有物理故障,只能通过更换硬盘或隐藏硬盘扇区来解决。

(3)磁盘扫描程序发现错误甚至坏道。硬盘坏道分为逻辑坏道和物理坏道两种:前者为逻辑性故障,通常为软件操作不当或使用不当造成的,可利用软件修复;后者为物理性故障,表明硬盘磁道产生了物理损伤,只能通过更换硬盘或隐藏硬盘扇区来解决。对于逻辑坏道,Windows自带的磁盘扫描程序就是最简便的解决手段。对于物理坏道,可利用一些磁盘软件将其单独分为一个区并隐藏起来,让磁头不再去读它,这样可以在一定程度上延长硬盘的使用寿命。

(4)零磁道损坏。零磁道损坏的表现是开机自检时,屏幕显示"HDD Controller Error",然后死机。零磁道损坏时,一般很难修复,只能更换硬盘。

(5)BIOS无法识别硬盘。BIOS突然无法识别硬盘,或者即使能识别,也无法用操作系统找到硬盘,这是最严重的故障。具体方法:首先检查硬盘的数据线及电源线是否正确安装;其次检查跳线设置是否正确,如果一个IDE数据线上接了双硬盘(或一个硬盘一个光驱),是否将两个盘都设置为主盘或两个都设置为从盘;最后检查IDE接口或SATA接口是否发生故障。如果问题仍未解决,可断定硬盘出现物理故障,需更换硬盘。

5.显卡故障

显卡故障比较难诊断,因为显卡出现故障后,往往不能从屏幕上获得相关的诊断信息。常见的显卡故障有如下几种。

(1)开机无显示。出现此类故障一般是因为显卡与主板接触不良或主板插槽有问题造成的,只需进行清洁即可。对于一些集成显卡的主板,如果显存共用主板内存,则需注意内存的位置,一般在第一个内存插槽上应插有内存。

(2)显示颜色不正常。此类故障一般是因为显卡与显示器信号线接触不良或显卡物理损坏。解决方法是:重新插拔信号线或更换显卡。当然,也可能是显示器的原因。

(3)死机。出现此类故障一般多见于主板与显卡的不兼容或主板与显卡接触不良,这时需要更换显卡或重新插拔。

(4)花屏。故障表现为开机后显示花屏,看不清字迹。此类故障可能是由于显示器分辨率设置不当引起的。处理方法是:进入Windows的安全模式,重新设置显示器的显示模式即可。也有可能是由于显卡的显示芯片散热不良或显存速度低,需要改善显卡的散热或更换显卡。

6.电源故障

电源产生的故障比较隐蔽,一般很少被注意到。

(1)电源故障的现象。大多数部件在启动时都会发一个信号给主板,表明电压符合要求。这个信号中断,计算机就会显示出错信息,让用户确定故障产生的部件。如果这个信号不定期出现,则表明电压已经不那么稳定了。电源风扇的旋转声一旦停止,就意味着要马上关闭电源,否则风扇停转而造成的散热不良,很快就会让机器瘫痪。

（2）电源故障的诊断方法。电源故障按"先软后硬"的原则进行诊断,先检查BIOS设置是否正确,排除设置不当造成的假故障;然后检查ATX电源中辅助电源和主电源是否正常;最后检查主板电源监控电路是否正常。

任务实施

学习了计算机硬件故障常用检测方法,那么当硬件出现故障时该如何运用呢?

一、故障排除

一台故障计算机表现为:按电源开关,计算机无响应不上电。检测方法如下图:

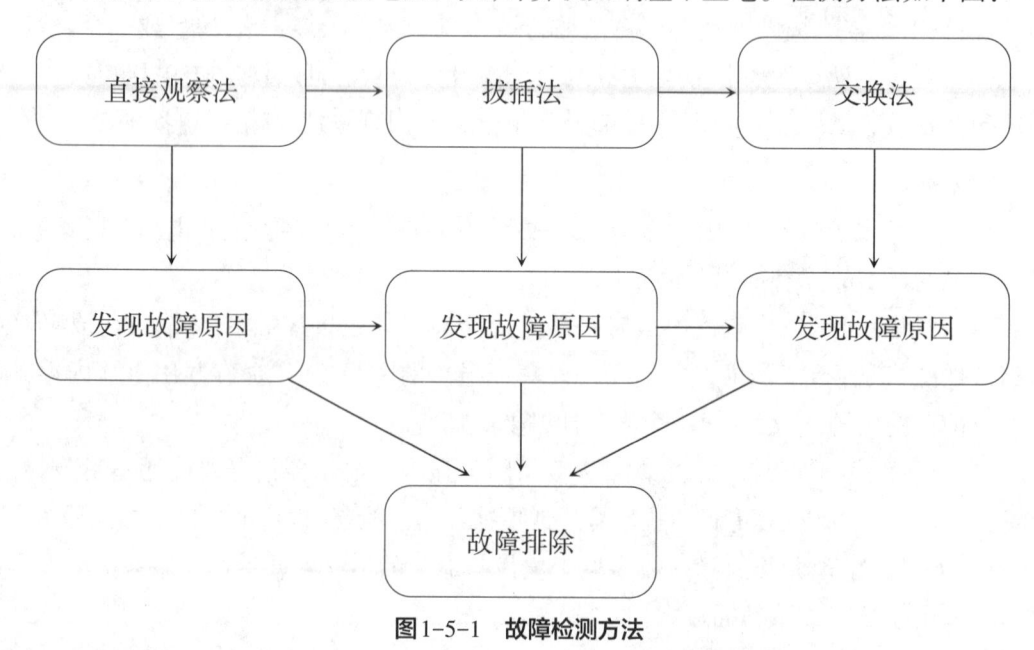

```
直接观察法 → 拔插法 → 交换法
    ↓         ↓        ↓
发现故障原因  发现故障原因  发现故障原因
    ↓         ↓        ↓
         故障排除
```

图1-5-1　故障检测方法

二、故障分析

计算机表现为无响应不上电,根据已学知识分析控制上电的硬件有主板和电源,对主板、电源硬件做检测。

任务拓展

对故障计算机进行检测以及故障分析:一台故障计算机表现为:按下电源,CPU风扇运作正常,但显示器显示无信号。

任务评价

评价内容	评价标准	分值	学生自评	老师评估
检测方法	掌握检测方法	40		
故障表现以及解决方法	深入了解故障表现以及解决方法	40		
情感评价	具备分析故障、解决故障的能力	20		
学习体会				

项目二

Windows 7 系统

本项目对计算机的软件进行管理和设置。在使用计算机的过程中,经常会对操作系统进行安装、备份和还原,还会涉及软件的配置以及应用程序的安装及卸载。本项目展示了 Windows 7 系统的新特性,介绍图标、窗口、选单、对话框、资源管理器、控制面板等知识,带领大家学习桌面、窗口、任务栏、选单、对话框等的基本操作,学会用资源管理器对文件和文件夹进行管理和操作,以及用控制面板对计算机进行个性化设计和管理。

知识目标

1. 了解计算机软件系统的组成。
2. 了解计算机操作系统及特点。
3. 熟悉 Windows 7 系统的操作界面和新特性。
4. 理解 Windows 7 系统中图标、窗口、选单、对话框等概念。
5. 了解桌面图标的功能。
6. 熟悉 Windows 7 系统的资源管理器。
7. 熟悉控制面板。

技能目标

1. 掌握 Windows 7 系统安装及基本操作方法。
2. 掌握系统备份和还原操作方法。
3. 掌握计算机软件配置和应用程序安装及卸载方法。

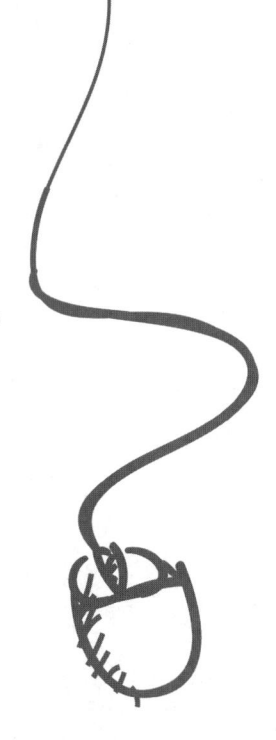

4.熟练使用资源管理器对文件和文件夹进行管理和操作。

5.熟练使用控制面板对计算机进行个性化设置。

情感目标

1.通过学习操作系统的具体操作,激发学生对信息技术的探究热情。

2.培养学生分类管理的信息素养。

3.培养学生对美的追求和创新意识。

4.让学生学会战胜困难,获得成功的体验。

任务一　配置计算机软件

任务目标

学会 BIOS 的设置，掌握从光盘和 U 盘安装 Windows 7 操作系统的方法，了解常用软件运行环境及其功能，并掌握软件或程序的安装方法，学会对系统进行备份和还原。

任务分析

对本次任务做如下分解：

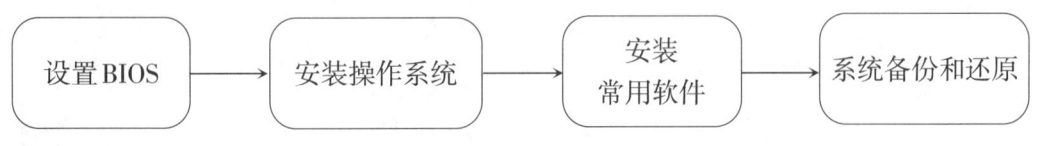

设置 BIOS → 安装操作系统 → 安装常用软件 → 系统备份和还原

知识储备

一、系统软件和应用软件

软件是用户与硬件之间的接口界面，用户主要是通过软件与计算机进行交流。软件可分为系统软件和应用软件两类。

系统软件主要指控制计算机并管理其资源的程序的集合，包括各类操作系统、语言处理系统、服务程序、数据库管理系统等。操作系统是管理、控制和监督计算机软件、硬件资源协调运行的程序系统，如：Windows、Linux、UNIX 以及操作系统的补丁程序及硬件驱动程序。

应用软件是为某种特定的用途或解决各类实际问题而开发的软件，可以是一个程序，也可以是一组互相协作的程序的集合，比如 Office 系列办公软件。

在计算机的两类软件中，操作系统是系统软件的核心。在每个计算机的系统中，操作系统都是必不可少的。其他的系统软件和应用软件都是根据用户需求进行配置。

二、Windows 7操作系统

常用的操作系统有DOS、Windows、Linux、UNIX等，其中Windows系列是目前使用最广泛的操作系统。Windows 7是微软在Windows XP、Windows Vista之后推出的操作系统，使用起来更方便、更安全、更节约成本。Windows 7的版本主要有家庭普通版、家庭高级版、专业版和旗舰版。家庭普通版是最低端的版本，家庭高级版适合普通家庭用户，专业版适合在工作中使用，旗舰版是最高端的版本。本书采用的是Windows 7旗舰版。

要确保Windows 7运行流畅，需要了解Windows 7对计算机硬件的要求，便于确认计算机是否满足安装条件。

表2-1-1　Windows 7的硬件配置要求

硬件名称	基本要求	推荐配置
CPU	1 GHz及以上	2 GHz及以上
内存	1 GB及以上	2 GB及以上
硬盘	16 GB及以上	40 GB及以上
显卡	DirectX9	WDDM1.0或更高版本

三、BIOS

BIOS是基本输入输出系统，是一组固化到计算机主板的一个ROM芯片上的程序。它保存着计算机最重要的基本输入输出程序、开机后自检程序和系统自启动程序，主要功能是为计算机提供基本的、最直接的硬件设置和控制。

四、常用应用软件

一台计算机需要安装很多不同功能的应用软件，才能为用户提供服务。比较常见的应用软件有下面几类。

（1）办公软件。办公需要的软件，一般包含文字处理软件、电子表格处理软件、演示文稿制作软件、数据库软件。常用的办公软件如：Office和WPS系列。

（2）多媒体处理软件。主要包含图形处理软件、图像处理软件、视频处理软件、音频处理软件、动画制作软件。常用的有Adobe Photoshop等。

（3）系统优化软件。主要对计算机的程序进行管理和优化，常用的有Windows优化大师、鲁大师等。

任务实施

一、设置BIOS

1.设置CMOS

在安装操作系统前,要对BIOS进行一定的设置,计算机才能正常使用。打开计算机电源,当屏幕上显示"Press DEL to enter SETUP"的提示信息时按"DEL"键,或者按F2,进入CMOS的设置页面,选择"Advanced BIOS Features"选项,如图2-1-1,按回车键(Enter键)。

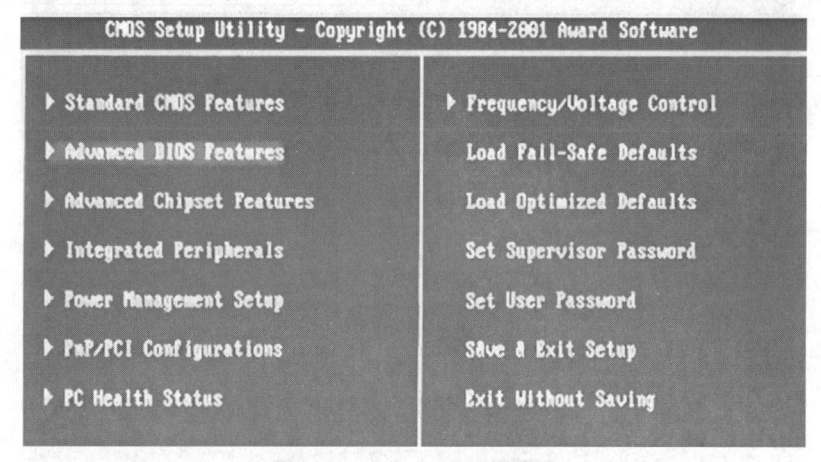

图2-1-1　CMOS的设置页面

2.设置从光盘启动

进入BIOS的设置页面后,用方向键选择"First Boot Device",然后按下回车键。在弹出的列表中用方向键选择"CDROM"选项,再按下回车键,将光盘设置为第一启动盘,如图2-1-2。只要计算机中有光盘,系统就会优先从光盘启动。

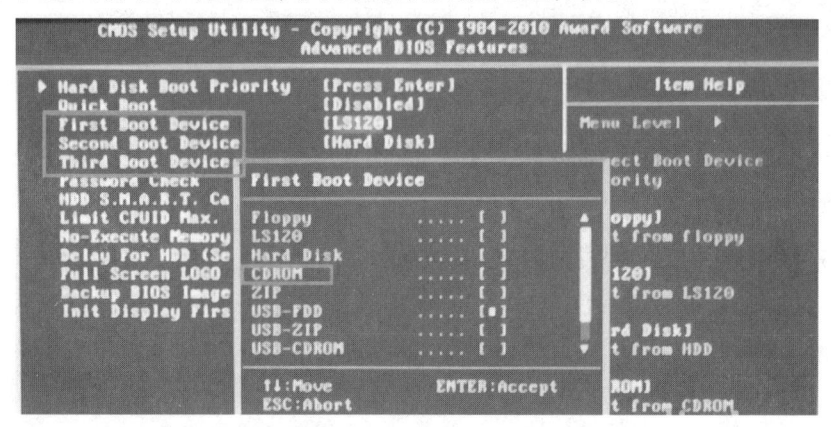

图2-1-2　设置光盘启动

3.设置从U盘启动

进入BIOS设置界面后,先点击硬盘启动优先级"Hard Disk Boot Priority",如图2-1-3。后进入BIOS开机启动项优先级选择,我们可以通过上下键选择"USB-HDD",如图2-1-4,然后保存设置。

图2-1-3　点击硬盘启动优先级

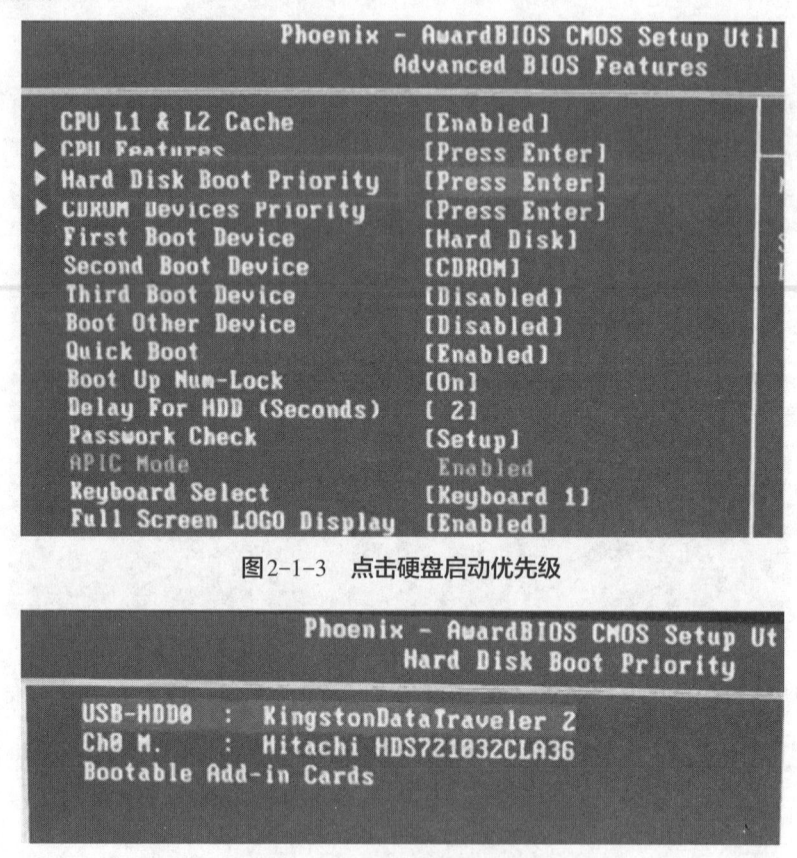

图2-1-4　设置U盘优先启动

二、安装Windows 7系统

用户可以用光盘和U盘两种方式安装Windows 7系统。

1.光盘安装

将计算机设置为从光盘启动后,将Windows 7的安装光盘放入光驱。计算机启动后对光盘进行检测,屏幕上显示安装程序正在加载安装时需要的文件。文件复制完成后需要选择语言、时间和货币格式以及键盘输入方式,按提示进行。在安装复制文件的过程中要求计算机重启,安装完成后也会重启,并要求输入用户名、计算机名、用户密码、产品密钥,随后选中"当我联机时自动激活Windows"复选框。

2.U盘安装

U盘安装Windows 7系统是一种非常实用的方法。安装前需在BIOS中设置"USB-HDD"模式。将制作好的U盘启动盘插入USB接口,选择"运行Windows PE"(安装系统),之后按提示操作。下面详细讲解用U盘安装Windows 7系统的步骤。

(1)制作U盘启动盘。下载U盘启动制作工具,然后运行"uds.exe",点击"开始制作U盘启动",如图2-1-5。在弹出的"写入硬盘镜像"对话框,按默认参数直接点"写入"按钮,如图2-1-6所示。在开始写入前,软件会弹出提示框,提示备份资料,不然会格式化,如果没有资料需要备份直接点击"是"按钮继续执行即可。写入完成,即已制作好U盘启动。

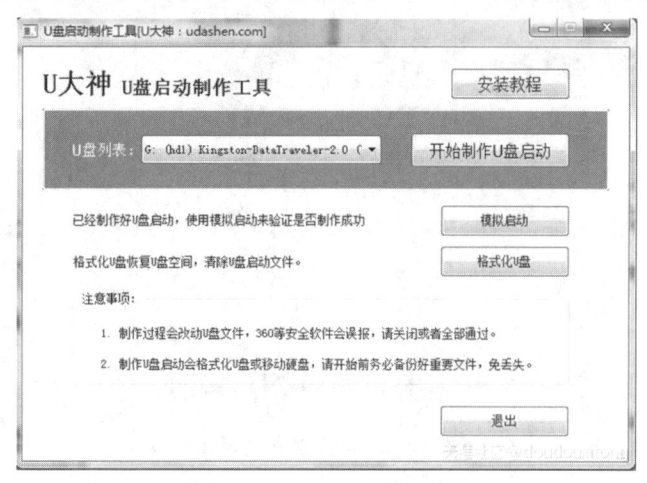

图2-1-5 开始制作U盘启动

图2-1-6 "写入硬盘镜像"对话框

（2）制作好U盘启动后，将Windows 7系统拷进U盘。将U盘插入到需要安装系统的计算机USB接口上，进入PE系统界面，运行桌面上"U大神"PE装机工具，进入如图2-1-7所示界面。选择好Windows 7系统镜像文件，单击C盘为系统安装盘，如图2-1-8。点击"开始"按钮后系统接入Ghost还原镜像。系统镜像还原完成，会弹出"重启电脑"的提示，选择"是"。计算机重启之后，系统就会开始部署必备程序和硬件驱动，完成系统的安装。

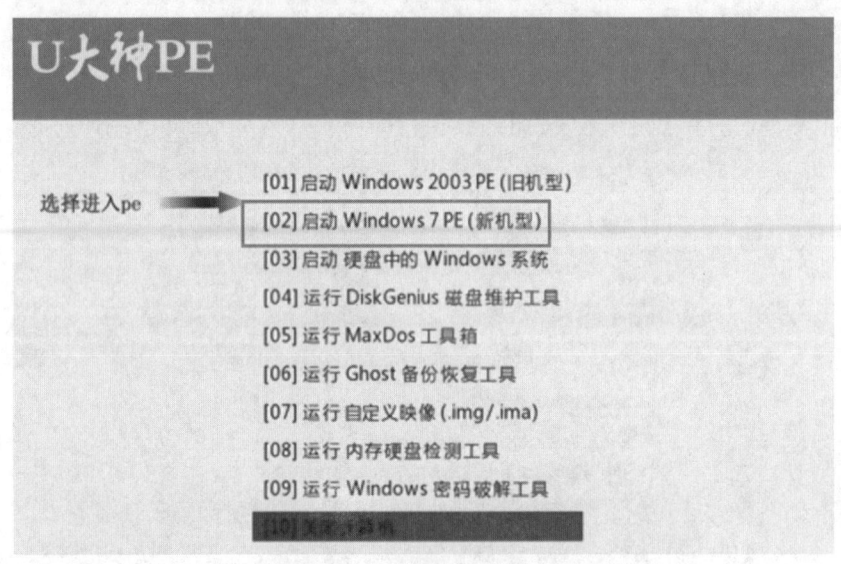

图2-1-7 选择进入PE系统

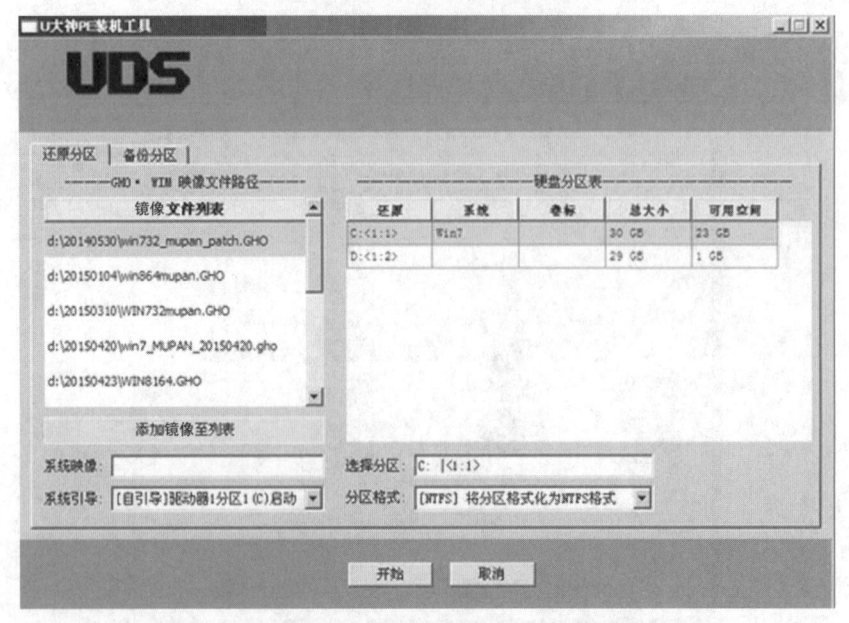

图2-1-8 选择镜像文件和系统安装盘

三、安装常用软件

安装软件时,必须考虑软件对运行环境的要求。安装软件或应用程序的一般方法是:双击应用程序的安装文件,一般名称为"setup.exe"或"install.exe",然后根据安装向导提示进行操作。下面介绍几款常用软件的具体安装方法。

1.安装 Office 2010

Office 2010 是微软公司推出的办公系列软件,包括 Word、Excel、PowerPoint、Outlook、FrontPage 等。其中 Word 用于编辑文档,PowerPoint 用于编辑和制作演示文稿,Excel 用于数据处理,Outlook 用于管理邮件和日程安排,FrontPage 用于制作网页。Office 2010 对计算机的硬件配置要求并不高,500 MHz 处理器、256 MB RAM 的计算机都能安装。下面介绍 Office 2010 安装方法。

(1)将下载的压缩包右键解压。

(2)打开解压出来的文件夹,找到并双击运行"setup.exe",如图2-1-9所示。

图2-1-9　运行"setup.exe"

(3)运行"setup.exe"后出现如图 2-1-10 所示界面,点击"立即安装"或者"自定义"。安装位置默认在 C 盘,若不想安装在 C 盘可以选择"自定义"安装。如果显示的是"升级"或者"卸载",说明电脑中已经安装有 Office。

图2-1-10　选择所需的安装类型

(4)程序开始安装,需5~10分钟。界面会显示安装进度,如图2-1-11。

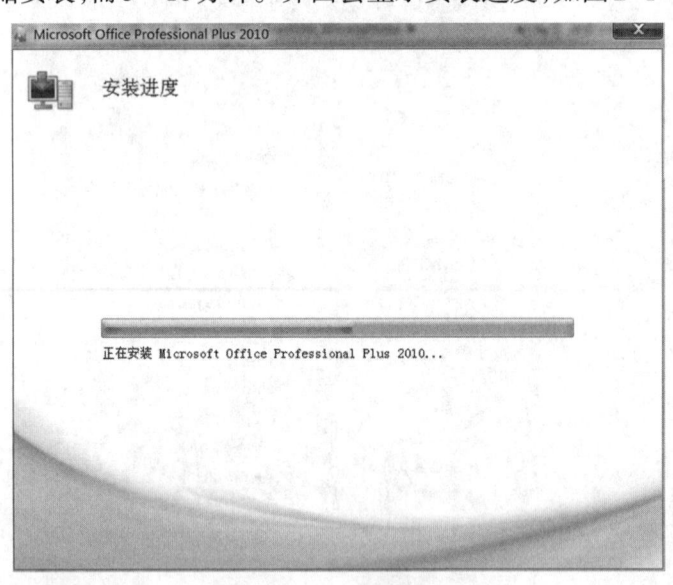

图2-1-11　安装进度

(5)安装完毕(如图2-1-12所示)后,需要重新启动电脑以完成安装。

安装完成后,可在"开始"选单下,找到"Microsoft Word 2010"软件名,用鼠标右键单击选择"发送到"—"桌面快捷方式",创建快捷方式。

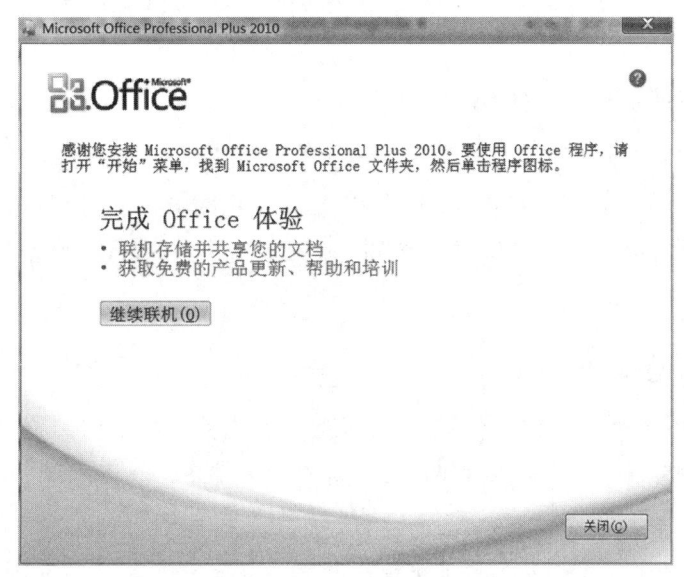

图2-1-12　安装完成

2.Photoshop

Photoshop是Adobe公司开发的平面图像编辑软件,专门用来进行图像处理的。通过它可以对图像进行修饰、对图形进行编辑,以及对图像进行色彩处理。另外,Photoshop软件还有绘图和输出功能等。Photoshop CS6对处理器的要求是Intel Pentium 4 或 AMD Athlon 64；对系统的要求是Windows XP、Windows Vista或Windows 7。

Photoshop的安装和Office的安装方法一样,但有的版本有"软件许可协议",要选择"是",否则将退出安装。

Photoshop CS6安装好的窗口如图2-1-13所示。

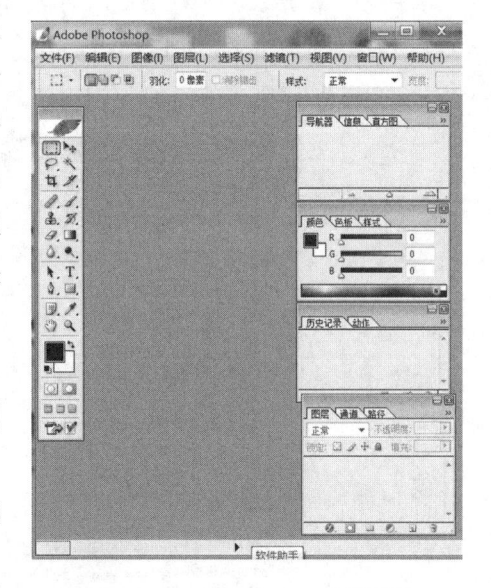

图2-1-13　Photoshop CS6**的界面**

3.Windows优化大师

Windows优化大师是系统辅助软件。它能够有效地帮助用户了解计算机的软硬件信息、简化操作系统设置、提升计算机运行效率、清理系统运行时产生的垃圾、修复系统故障及安全漏洞以及维护系统的正常运转。其安装方法与Office软件大体相同。

四、计算机软件或程序的运行及关闭

应用程序的启动可以通过"开始"选单的"所有程序"来启动，也可以双击桌面的快捷图标或文件夹中的应用程序图标，还可以用"开始"选单中的"运行"命令打开。关闭应用程序可以单击程序窗口的"关闭"按钮，或选择"文件"选单中的"退出"命令，或者用"Alt+F4"。

五、系统备份和还原

Windows 7系统具有数据备份和还原功能。系统备份功能可以避免系统出现异常时重装系统。本教材主要介绍还原点和Ghost两种系统备份与还原的方法。

1.利用还原点备份与还原系统

利用还原点还原系统，必须要进入操作系统。当系统设置被修改时，计算机将自动创建一个还原点，用户也可以手动设置还原点。右键单击桌面上的"计算机"图标，选择"属性"—"系统保护"，在"保护设置"下选择需要设置的盘，单击"配置"，然后在"还原设置"中选择还原内容，并拖动滑块设置"磁盘空间使用量"为"最大使用量"，最大使用量越大，则可保存更多的还原点，如图2-1-14。

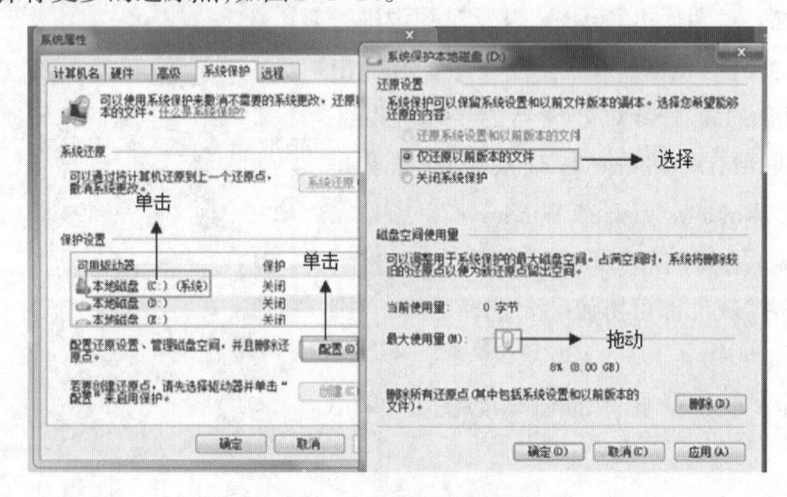

图2-1-14　配置"还原设置"

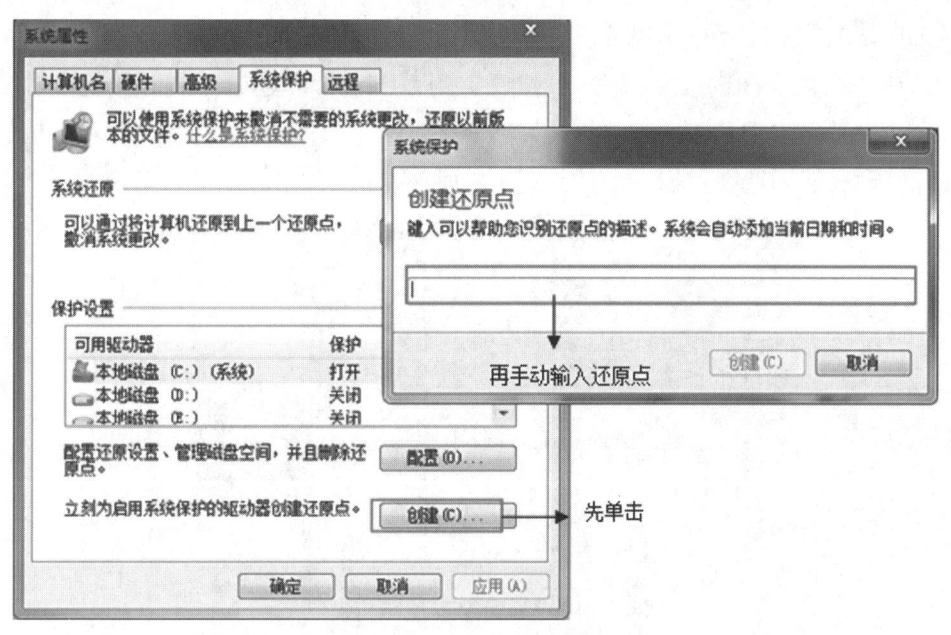

图2-1-15　手动输入还原点

在图2-1-15的界面中,单击"创建",再手动输入还原点,当前计算机就创建了一个还原点。当系统出现故障时,可以利用系统还原,将系统恢复至还原点时的状态。打开"开始"—"所有程序"—"附件"—"系统工具"—"系统还原",选择一个还原点,如图2-1-16所示,单击"下一步",后按提示操作,计算机重启后系统恢复到指定的还原点。

图2-1-16　选择还原点

49

windows 7系统自带的系统备份与还原功能若一直开启,系统保存备份的文件会越来越大,造成硬盘空间的大量浪费,故建议关闭系统自带的还原工具。关闭步骤如下:在桌面上右键单击"计算机",选择"属性"—"系统保护",弹出"系统属性"对话框,选择要关闭的分区,然后选择点击"配置",如图2-1-17。

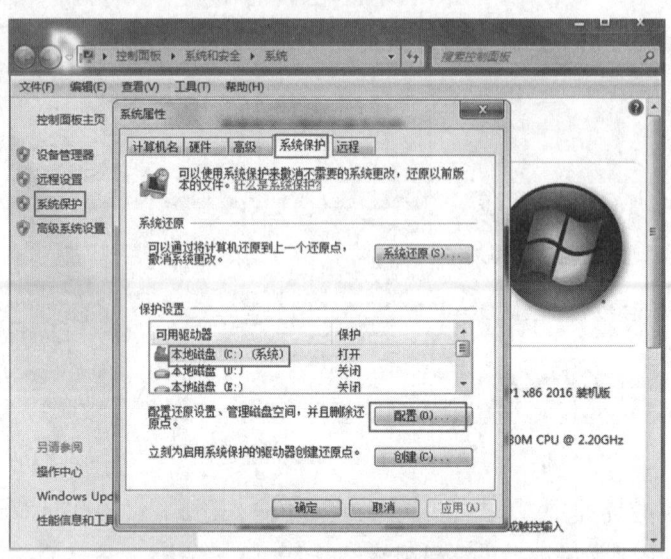

图2-1-17　选择要关闭的分区

然后会出现一个"系统保护本地磁盘"的对话框,选择"关闭系统保护",并在下方单击"删除",把以前备份文件删除掉,释放硬盘空间,就可以关闭系统自带的备份与还原功能。操作如图2-1-18所示。

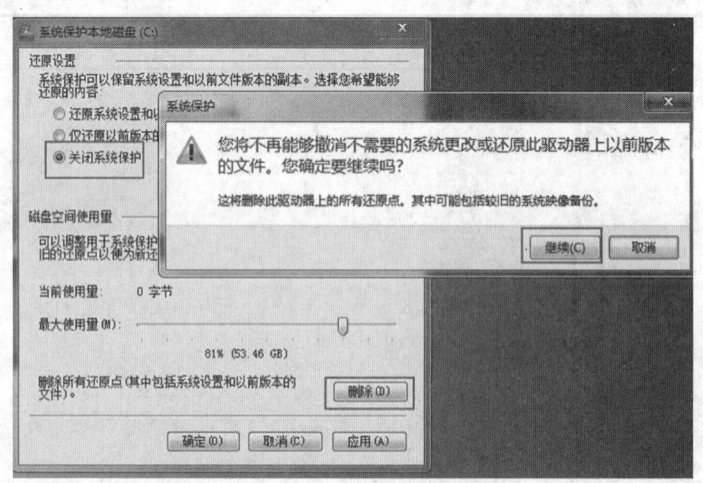

图2-1-18　关闭系统还原功能

2.利用Ghost备份与还原系统

当计算机系统出现故障或崩溃时可一键还原系统,避免系统重装。一键还原系统需要使用到Ghost工具。Ghost是一款磁盘备份工具,它可以将一个硬盘(或分区)中的数据制作成镜像文件,然后复制到另一个硬盘(或分区)中。在DOS或者PE下都可以启动Ghost,DOS下输入"ghost",按回车键进入Ghost,在PE下直接打开Ghost即可。具体操作如下:在打开的界面中,选择"Local"—"Partition"—"To Image",如图2-1-19所示。

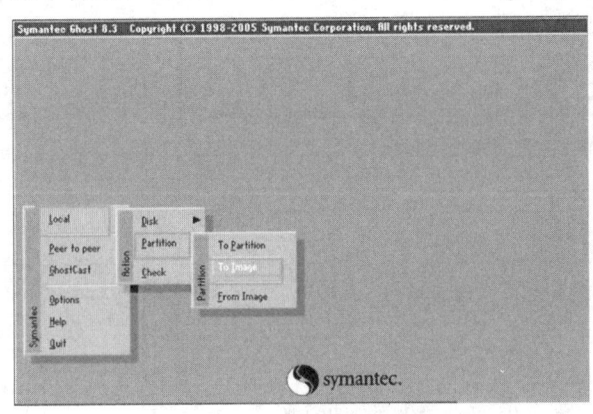

图2-1-19　生成镜像文件

选择要制作镜像文件的分区(即源分区),再选择镜像文件保存的位置,做一个C盘的备份。备份做好后,就可以进行还原了。

重启计算机,选择进入DOS系统,转到备份盘,进入备份目录,运行Ghost程序,选择"Local"—"Partition"—"From Image",如图2-1-20,恢复到系统盘,完成后重启计算机。

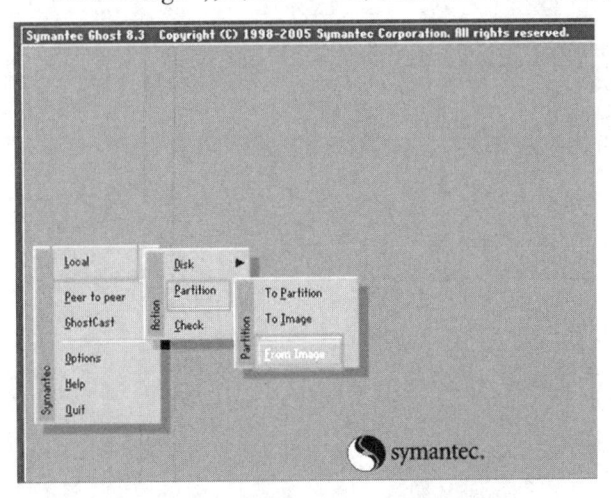

图2-1-20　选择"From Image"命令还原

任务拓展

1. 用U盘安装Windows 7系统，并设置以当前日期为还原点。
2. 用Ghost还原系统。
3. 为计算机安装Microsoft Office 2010办公软件。

任务评价

评价内容	评价标准	分值	学生自评	老师评估
安装操作系统	能独立安装操作系统	20		
系统还原	能用还原点和Ghost工具还原系统	30		
软件安装	能根据需要安装软件	30		
软件卸载	能卸载不需要的软件	10		
情感评价	具备分析问题、解决问题的能力	10		
学习体会				

任务二　认识 Windows 7 系统

任务目标

通过来任务学习,熟悉 Windows 7 系统中桌面图标、窗口、选单、对话框等概念,会对桌面图标、窗口和任务栏进行基本操作,从而熟练掌握 Windows 7 系统基本操作和应用技巧。

任务分析

对本次任务做如下分解:

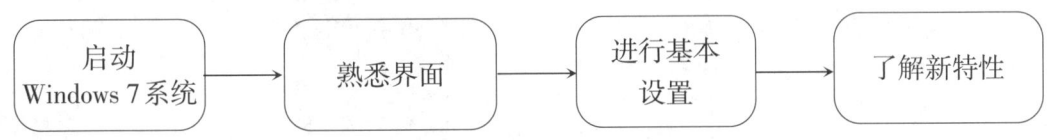

启动 Windows 7 系统 → 熟悉界面 → 进行基本设置 → 了解新特性

知识储备

一、Windows 7 系统桌面

Windows 7 系统的桌面由桌面背景、桌面图标和任务栏组成。图 2-2-1 是开机后 Windows 7 系统的界面。桌面背景可以根据需要进行个性化设置。桌面图标一般由文字和图片组成,双击桌面上的图标可以快速打开相应的文件、文件夹和应用程序。任务栏就是桌面最下方的小长条,主要由"开始"按钮、快速启动区、应用程序区和托盘区组成。

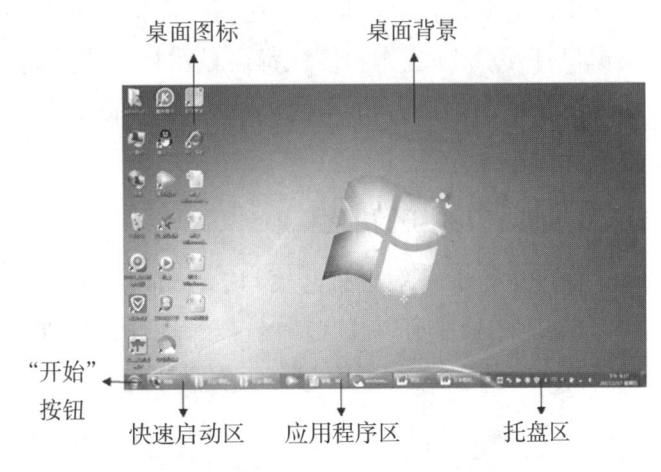

图 2-2-1　Windows 7 系统界面

53

1.开始选单

单击桌面左下角的"开始"按钮可以打开所有Windows组件、大部分的安装程序和软件,如图2-2-2所示。

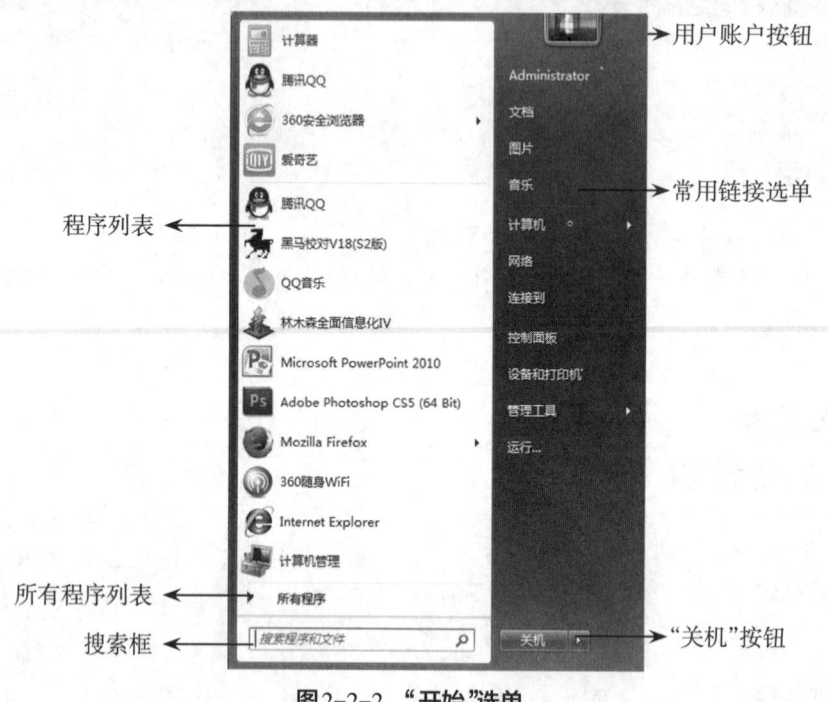

图2-2-2 "开始"选单

2.快速启动区、应用程序区、托盘区

快速启动区存放的是最常用程序的快捷方式,可以按照个人喜好拖动更改。程序或窗口打开后,在应用程序区都会显示相应的图标,只要单击该图标,就会把相应的窗口显示在桌面的最前端。托盘区位于任务栏右端,用于显示音量、网络、时间和当前运行的一些程序。

二、Windows 7系统窗口组成

程序运行后一般会打开窗口,Windows 7系统的窗口是用户操作程序的交互式平台,分为应用程序窗口和文档窗口。一般由标题栏、控制按钮区、搜索栏、选单栏、工具栏、工作区、状态栏、导航窗格等组成,如图2-2-3所示。

项目二 Windows 7 系统

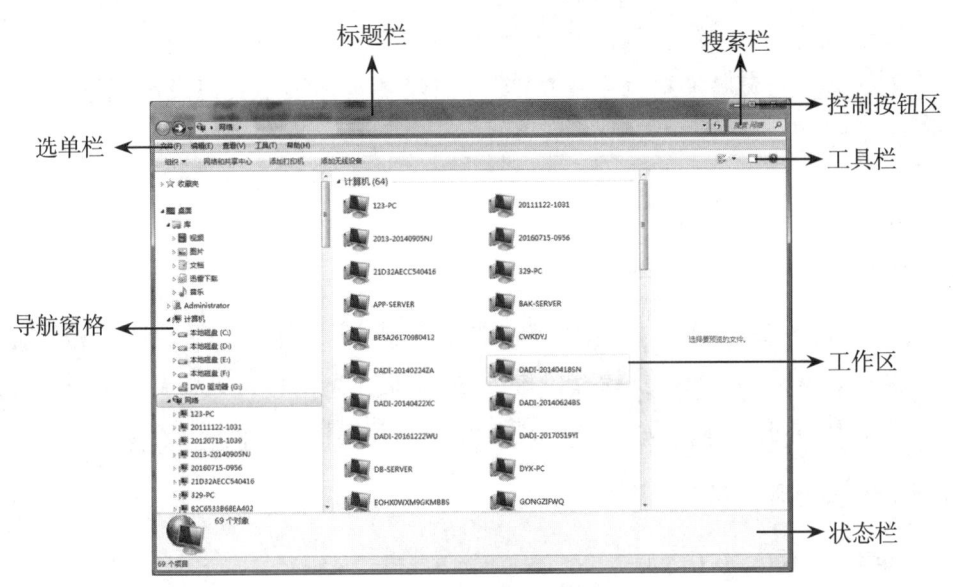

图2-2-3 "网络"窗口

> **小贴士**
> 窗口与对话框的区别:对话框一般比窗口要小,会有若干的选项和提示,比如聊天对话框和发送信息的对话框。用户对对话框进行设置,计算机就会执行相应的命令。对话框中有单选框、复选框等。

选单栏是窗口上的选项列表部分,包括文件、编辑、查看、收藏、工具、帮助等。选单可以分为三类:"开始"选单、下拉选单、快捷选单。"开始"选单前面叙述过;下拉选单即点击一个选项时出现的对应列表;快捷选单是鼠标右键单击时出现的选单。

窗口中的搜索栏和"开始"选单中的搜索框的作用一样,用来快速搜索计算机中的程序和文件。通过导航窗格可快速打开或切换到相应的文件夹或窗口中。

三、Windows 7 系统的新特性

Windows 7 系统操作更简单,提供了更多的娱乐功能和更好的网络性能。Windows 7 系统桌面也新增了很多功能。

1. 分组相似按钮

在Windows 7系统中,用同一程序打开多个窗口后,在任务栏只会显示一个图标。

2. 显示桌面

单击任务栏最右端显示桌面按钮"▌",将最小化所有打开的窗口而显示桌面,再次单击该按钮则恢复到之前的状态。

3.个性化桌面

Windows 7 系统新增了更改主题功能,还可设置桌面小工具以及鼠标指针等,使系统界面更加个性化。

任务实施

一、启动和退出 Windows 7 系统

开启计算机电源后,计算机自检,启动操作系统,显示用户登录界面。若设置了账户密码,输入密码后按回车键,计算机进入系统,显示 Windows 7 系统的桌面。要退出 Windows 7 系统,单击"开始"按钮,然后在弹出的选单中单击"关机"按钮。

二、添加、删除和排列桌面图标

1.添加桌面图标

在桌面空白处单击鼠标右键,在弹出的快捷选单中,选择"个性化",打开个性化设置窗口,选择"更改桌面图标",勾选需要的图标,点击"确定"后即可将图标添加到桌面上。

2.删除桌面图标

右键单击桌面上需要删除的图标,然后在弹出的快捷选单中选择"删除";或选中该图标后,按下键盘上的 Delete 键,也可以删除桌面图标。

3.排列桌面图标

桌面图标的排列可以通过拖动图标到目标位置来完成,也可以通过快捷选单来完成,即鼠标右键单击空白处,选择"排列方式"("名称""大小""项目类型""修改日期"),如图 2-2-4。

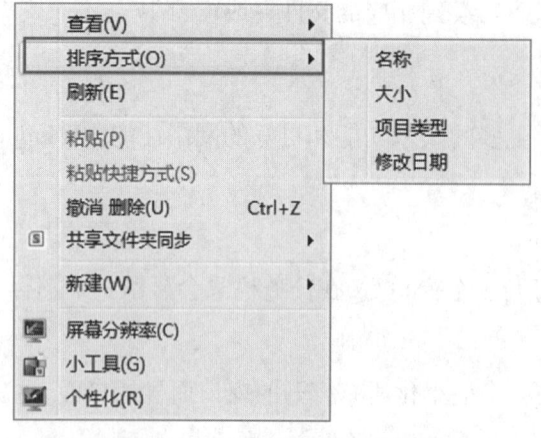

图 2-2-4 图标排序方式选择　　图 2-2-5 窗口排列方式

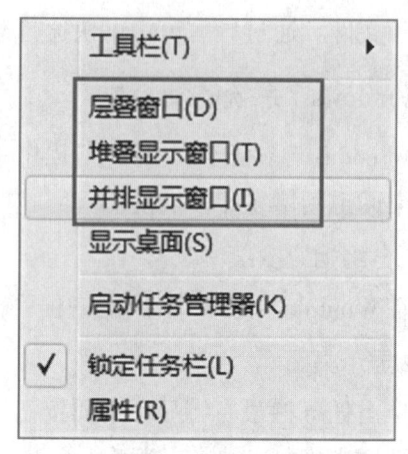

三、调整窗口

窗口操作是Windows 7系统中最基本的操作。

1.最大化、最小化、关闭窗口

通过窗口右上角的控制按钮"▬ ▢ ✕",最小化、最大化和关闭窗口。

2.移动和改变窗口大小

移动窗口只需将鼠标指针移到窗口的标题栏上,按住鼠标左键不放,拖动到所需位置即可。当窗口不处于最大化和最小化状态时,将鼠标移到边框或者对角,按住鼠标左键不动,即可将窗口拖动到所需大小。

3.排列窗口

Windows 7系统窗口可以按"层叠窗口""堆叠显示窗口""并排显示窗口"三种方式排列。在任务栏空白区域单击鼠标右键,在弹出的快捷选单中选择窗口的排列方式,如图2-2-5。

4.切换窗口

方法一:在桌面上,用鼠标左键单击某个窗口任意部位可将此窗口切换为当前窗口。

方法二:在任务栏单击需要操作的程序或窗口的图标可切换窗口。

方法三:用组合键"Alt键+Tab键"切换窗口。按住Alt键不放,按Tab键预览所有打开窗口的缩略图,每按一次Tab键即可切换一次程序窗口,直到切换至需要的程序窗口,再松开Alt键即可。

四、调整任务栏

任务栏位于桌面最下端,只能容纳一行图标。通过调整任务栏的大小和位置,以及对任务栏进行设置,可使操作更方便、快捷。

1.隐藏和显示任务栏

右键单击任务栏空白区域,选择"属性",在弹出的"任务栏和'开始'菜(选)单工具栏"对话框中,勾选"自动隐藏任务栏",然后点击"确定",任务栏就会隐藏起来。当鼠标指针移动到桌面最下方,任务栏又会浮现出来。若要一直显示任务栏,则不勾选"自动隐藏任务栏"。

2.调整任务栏的大小

右键单击任务栏空白区域,在弹出的快捷选单中,不勾选"锁定任务栏",将鼠标指针移动到任务栏的边缘,当指针呈双向箭头时拖动鼠标可调整任务栏宽度。

3.调整任务栏位置

任务栏可以显示在屏幕的左边、右边、顶部和底部。按住鼠标左键不放将任务栏拖动到想要的位置；也可以用鼠标右键单击任务栏空白区域，在弹出的快捷选单中选择"属性"，在弹出的对话框中选择"屏幕上的任务栏位置"，如图2-2-6。

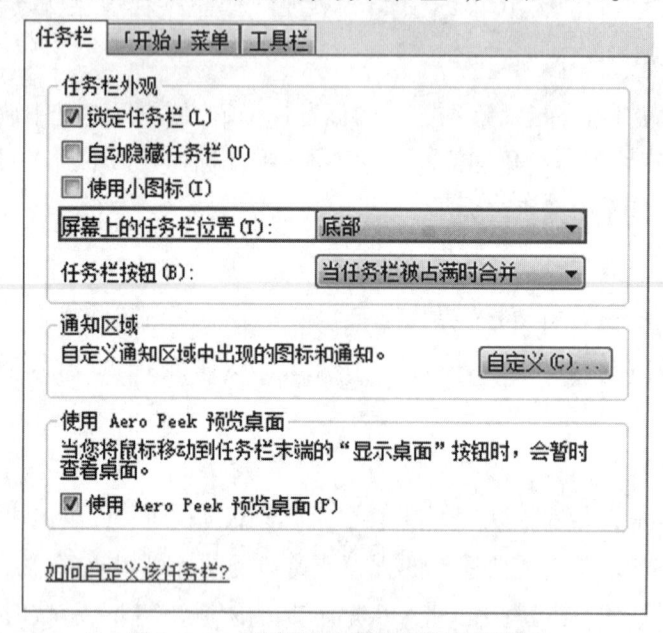

图2-2-6 通过快捷选单设置任务栏位置

五、启动应用程序

启动计算机应用程序比较常见的方法有：鼠标左键单击"开始"选单—"所有程序"，选择要打开的应用程序，就可以启动应用程序；也可以通过双击桌面上应用程序的图标，启动应用程序。

任务拓展

1.在桌面上添加"计算机""网络"图标。

2.在桌面新建"写字板"的快捷方式，打开程序，将快捷方式锁定在任务栏上。

任务评价

评价内容	评价标准	分值	学生自评	老师评估
启动和退出	会启动和退出 Windows 7 系统	10		
桌面图标	会添加、删除和排列桌面图标	20		
窗口	会调整窗口,对窗口进行排列和切换	20		
任务栏	会隐藏、显示任务栏,调整任务栏大小和位置	20		
Windows 7 系统新特性	了解 Windows 7 系统的新特性	20		
情感评价	具备分析问题、解决问题的能力	10		
学习体会				

计算机实用技能

任务三　认识资源管理器

任务目标

通过本任务的学习,熟悉资源管理器,会对磁盘上的文件进行维护和管理,如文件和文件夹的新建、选取、复制、移动、命名以及搜索等,让计算机的内容井然有序。

任务分析

对本次任务做如下分解:

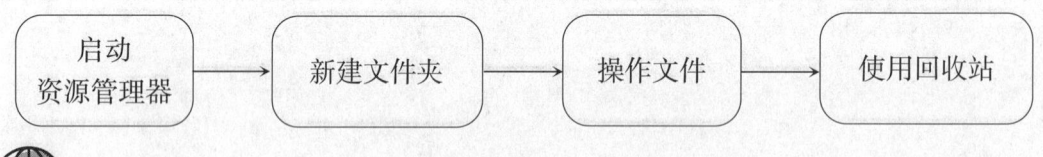

启动资源管理器 → 新建文件夹 → 操作文件 → 使用回收站

知识储备

一、文件和文件夹

文件是按一定形式组织起来的完整的有名称的信息集合,是计算机系统中数据的基本存储单位。文件的内容可以是应用程序、文档、视频以及图片等。文件名一般由文件主名和扩展名组成,扩展名用来表示文件类型。例如"考试成绩表.xlsx"的文件名中,"考试成绩表"是文件主名,"xlsx"是扩展名。文件主名中最多可包含255个字符且不能出现"?""*""\""/""""<"">"等符号,但可以包含多个分隔符".",最后一个分隔符后面的内容就是文件的扩展名。同一文件夹中不能有名称相同的文件。

表 2-3-1　常用的文件扩展名及其表示的类型

扩展名	类型	扩展名	类型
exe	可执行文件	ISO	镜像文件
txt	纯文本文件	htm	网页文件
doc(或docx)	Word文档	pdf	PDF文档
xls(或xlsx)	Excel工作表	rm	视频文件
ppt(或pptx)	PowerPoint演示文稿	avi	视频文件
wps	WPS文档	swf	Flash影片
jpg	图形文件	tmp	临时文件
bmp	位图文件	zip	压缩包
dwg	CAD图形文件	rar	WinRAR压缩文件

为更好地保存和管理计算机中的文件,把文件进行分类,并存放在磁盘中的一个文件项目下,这个项目称为文件夹。文件夹中不但可以包含文件,还可以包含许多子文件夹。在Windows 7系统中,通过文件夹图标即可预览文件夹中的内容。

二、资源管理器窗口

计算机中的文件、磁盘、打印机等通常都使用资源管理器来管理。Windows 7系统

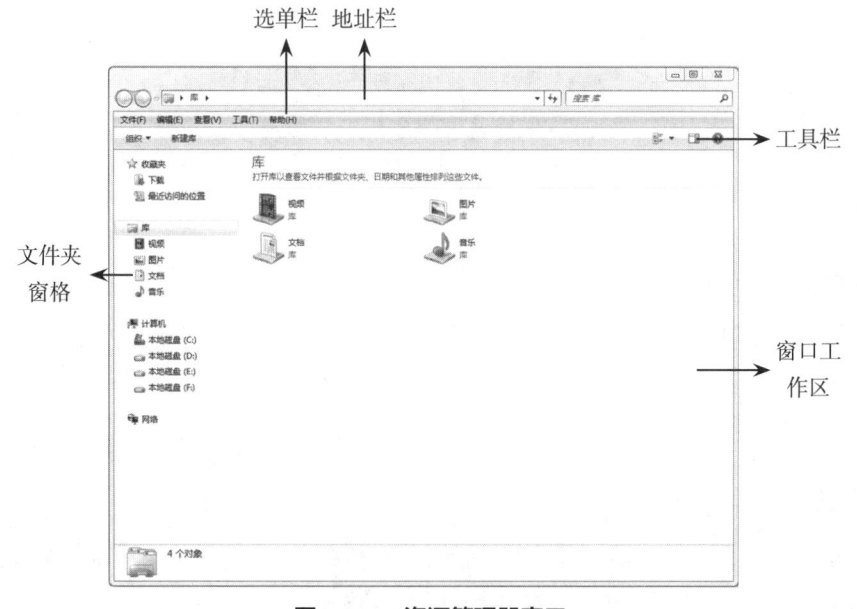

图 2-3-1　资源管理器窗口

中的资源管理器主要由地址栏、选单栏、工具栏文件夹窗格和窗口工作区组成,如图2-3-1。地址栏有导航功能,单击文件夹前的下拉按钮,会弹出快捷选单,显示该文件夹下的子文件夹。单击"组织"可以打开下拉选单,如图2-3-2。

在文件夹窗格中,可以将文件展开和折叠。窗口工作区显示了多个文件夹图标。

三、Windows 7系统的"库"式管理

Windows 7系统中引入了"库"式架构,将不同位置的文件,集中显示出来,方便用户查找和使用。Windows 7中默认有4个库,分别为"视频""文档""图片"和"音乐"库。库类似于文件夹,可以新建和删除。删除库,不会删除库中的文件或文件夹,因为它们实际存储在硬盘的其他位置。若在库中删除文件或文件夹,也是从原始位置删除。

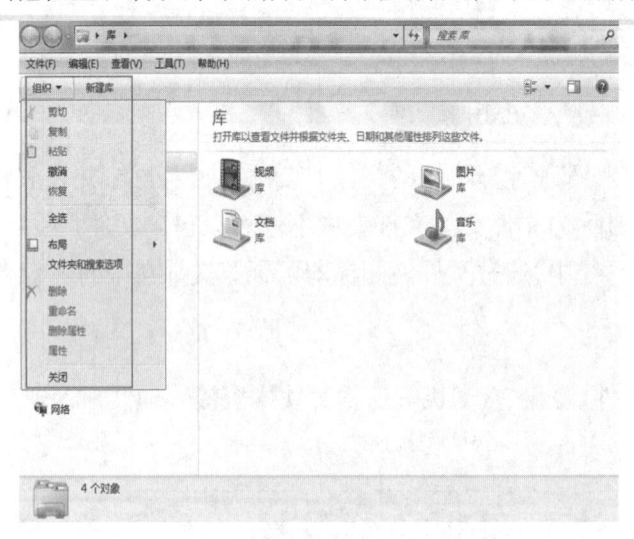

图2-3-2 资源管理器"组织"下拉选单

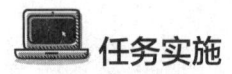

任务实施

一、打开资源管理器

方法一:右键单击"开始"选单,选择"打开Windows资源管理器",打开的窗口工作区显示为库文件内容。

方法二:单击"开始"选单,选择"所有程序"—"附件",单击"Windows资源管理器"。

二、文件和文件夹的操作

在Windows 7系统中,文件和文件夹的操作主要指新建、保存、复制、移动、删除、重命名、浏览及搜索等。文件和文件夹的操作方法是一致的。

1.文件的新建、保存、移动、复制、删除

（1）新建。打开新建文件的保存位置后，右键单击窗口工作区的空白处，选择"新建"，并选择新建文件的类型，可新建一个文件。

（2）保存。编辑文件后可保存文件，可按"保存"按钮，第一次保存的时候，要输入文件名和选择文件保存的类型；也可以用组合键"Ctrl+S"保存文件。

（3）移动、复制。文件的移动和复制可通过剪切、粘贴功能来实现，组合键"Ctrl+C""Ctrl+X""Ctrl+V"分别表示复制、剪切、粘贴。

（4）删除。删除文件可右键单击文件的图标，选择"删除"命令，在弹出的对话框中单击"是"。

2.新建文件夹

在E盘新建一个以自己姓名命名的文件夹，方法有两种。

方法一：打开E盘，右键单击、窗口工作区空白处，在弹出的快捷选单中选择"新建"—"文件夹"，如图2-3-3所示。将系统自动命名的"新建文件夹"重新命名。

方法二：打开E盘，在选单栏选择"文件"—"新建"—"文件夹"，如图2-3-4所示。将系统自动命名的"新建文件夹"重新命名。

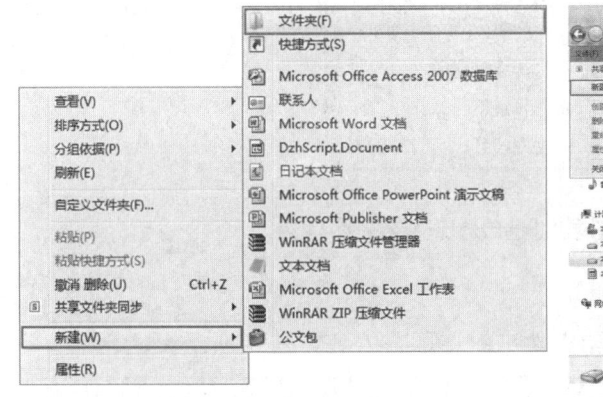

图2-3-3　快捷选单新建文件夹 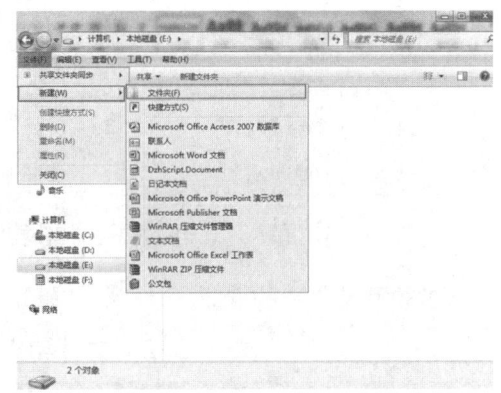　　　图2-3-4　从选单栏新建文件夹

3.文件夹的展开和折叠

在资源管理器左侧的文件夹窗格中，单击文件夹左边的空心箭头，可以将文件夹展开，这时空心箭头会变成实心箭头。再双击该文件夹，或单击文件夹前的实心箭头，文件夹又折叠起来。

4.文件和文件夹的显示方式

文件和文件夹可设置显示方式,共5种显示方式。"图标"显示方式可以快速显示文件夹中包含的内容;"列表"显示方式对文件或文件夹进行了分类,便于快速查找某个文件;"详细信息"显示方式显示了文件的名称、类型、大小和修改日期等;"平铺"显示方式显示了文件夹的图标和文件信息;"内容"显示方式显示了文件或文件夹的修改时间和大小等信息。

文件和文件夹显示方式设置方法如下:

方法一:在资源管理器选单栏选择一种"查看"方式。

方法二:在资源管理器窗口工作区空白处单击右键,在快捷选单中选择"查看"方式,如图2-3-5。

方法三:在资源管理器工具栏右侧单击"更改您的视图"按钮,可以切换文件和文件夹的显示方式。

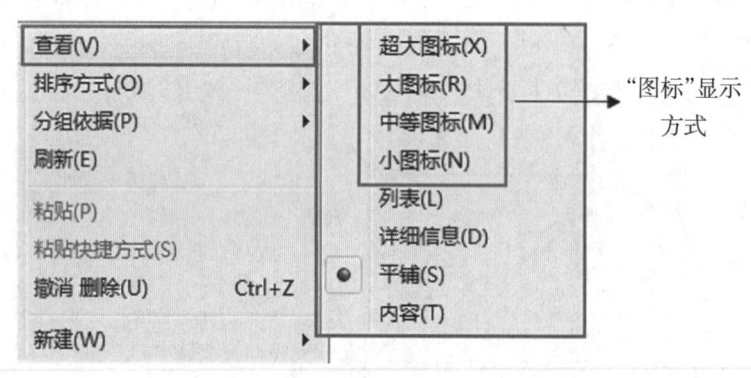

图2-3-5　通过快捷选单选择显示方式

5.文件和文件夹的选取

表2-3-2　文件和文件夹的选取方式和方法

选取方式	方法
选定一个文件夹	单击要选择的文件夹图标
选定多个相邻的文件夹	按住鼠标左键不放直接拖动
选定多个连续的文件夹	先单击第一个文件夹,按住Shift键的同时再单击最后一个文件夹
选定多个不连续文件夹	按住Ctrl键,然后逐个单击要选择的文件夹
选定全部文件夹	用"编辑"选单的"全选"命令或用组合键"Ctrl+A"
反向选定文件夹	先单击不需要选定的文件夹,再用"编辑"选单中的"反向选择"命令

三、文件或程序搜索

若无法确定文件或程序的保存位置,可在系统中搜索。在"开始"选单的搜索框中输入要搜索的文件或程序的关键字,窗口上方就会显示搜索结果。

若知道文件或程序所在的位置,可在所在位置窗口的搜索栏中输入关键字。要准确搜索,可使用通配符"?"和"*"。"?"代表一个字符,"*"代表0~n个字符。例如,搜索扩展名为"mp3"的文件,输入"*.mp3",后点击搜索按钮;搜索文件名称长度只有4位的文本文件,输入"????.txt",后点击搜索按钮。

四、"回收站"的使用

(1)还原或彻底删除被删除的文件和文件夹。双击桌面上的"回收站"图标,打开"回收站"窗口,显示已经删除的文件和文件夹。右键单击需要还原的文件或文件夹,在快捷选单中选择"还原"命令;同理,需要彻底删除文件或文件夹时,则在快捷选单中选择"删除"命令。

(2)清空回收站,释放被占用的空间。可使用工具栏中"清空回收站"按钮;也可右键单击桌面的"回收站"图标,从快捷选单选择"清空回收站"命令来完成。

任务拓展

1.新建一个名为"表格"的文件夹。

2.搜索计算机中所有扩展名为"xlsx"的文件,并将2016年12月1日以后创建的文件放到新建的文件夹中。

3.将计算机E盘中的文档、图片和视频分类,并放到不同的文件夹中。

任务评价

评价内容	评价标准	分值	学生自评	老师评估
资源管理器	会打开资源管理器	10		
浏览文件夹	会更改文件和文件夹的显示方式	10		
新建文件夹	会新建文件和文件夹	10		
选择文件夹	会选择文件和文件夹	20		
文件和文件夹的其他操作	会复制、移动、重命名文件及文件夹	20		
搜索文件	会搜索文件或程序	10		
回收站	会还原已删除的文件和清空回收站	10		
情感评价	具备分析问题、解决问题的能力	10		
学习体会				

计算机实用技能

任务四 认识Windows 7控制面板

任务目标

通过本任务的学习,学会控制面板的启动方法,能够用控制面板设置计算机、美化桌面,会使用磁盘维护工具。

任务分析

对本次任务做如下分解:

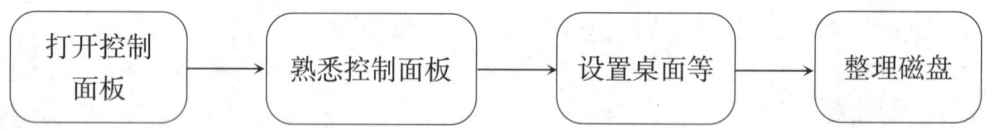

打开控制面板 → 熟悉控制面板 → 设置桌面等 → 整理磁盘

知识储备

控制面板是Windows图形用户界面一部分,通过控制面板可以更有效地使用系统。

Windows 7系统中的控制面板窗口可以按"类别""大图标"和"小图标"三种方式查看。在控制面板中,可以进行多种设置,例如桌面主题、背景及屏幕的分辨率、声音、语言等。系统将控制面板的各个功能分类,用户根据所需功能进行选择,如图2-4-1所示。

控制面板也提供了搜索功能,只需在控制面板右上方的搜索栏中输入关键词,按回车键后即可看到相应的搜索结果。也可以点击地址栏中导航的下拉按钮,显示所有程序列表。

项目二　Windows 7系统

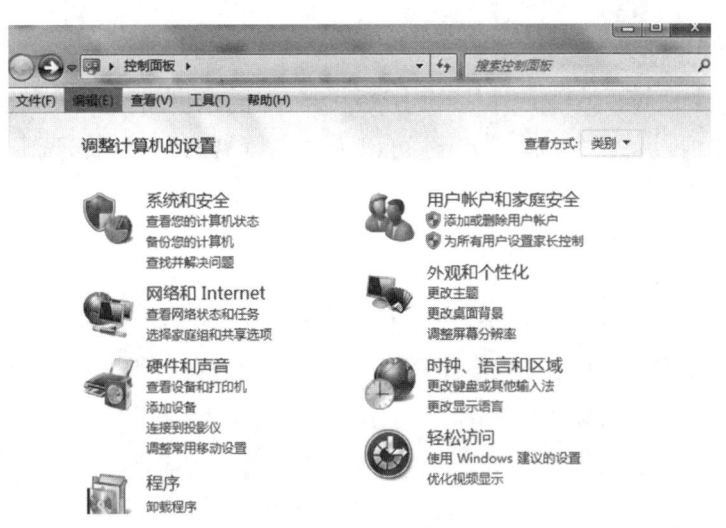

图2-4-1　控制面板窗口

一、"系统与安全"

控制面板的"系统与安全"选项,可以检查计算机的状态并解决问题,更改用户账户控制设置,将计算机还原到一个较早的时间点;可以设置程序是否通过防火墙;可以查看RAM的大小和处理器的速度;可以对系统进行更新;可以查看电源的情况;可以对系统进行备份和还原;可以对驱动器加密;可以管理磁盘,如图2-4-2。

图2-4-2　"系统与安全"选项

二、"网络和Internet"

在"网络和Internet"选项,可以查看网络状态和任务、网络计算机和设备,将计算机连接到网络、无线设备添加到网络。还可以更改浏览器的主页,管理浏览器加载项,删除浏览的历史记录和cookie。

三、"硬件和声音"

在"硬件和声音"选项,可以为计算机添加设备,设置鼠标;可以更改媒体或设备的默认设置;可以管理音频设备,调整计算机的音量;可以连接到投影仪;调整常用移动设置,在给出演示文档之前调整设置。

四、"程序"

在"程序"选项,可以卸载程序,打开或关闭Windows功能;可以添加或卸载桌面小工具,如图2-4-3。

图2-4-3 "程序"选项

五、"用户账户和家庭安全"

在"用户账户和家庭安全"选项,可以添加或删除用户账户、更改账户图片、更改Windows密码等。

六、"外观和个性化"

Windows 7的外观设置非常灵活。在"外观和个性化"选项,可以更改主题、桌面背景、窗口颜色、声音效果和屏幕保护程序;可以调整屏幕分辨率,连接到投影仪;可以添加桌面小工具;可以设置任务栏和"开始"选单;可以显示隐藏的文件夹;也可以更改字体的设置。

七、"时钟、语言和区域"

"时钟、语言和区域"选项可以设置计算机的时间和语言,更改时区,添加不同时区的时钟,向桌面添加时钟小工具等。

任务实施

一、打开控制面板

在 Windows 7 系统中可以从"开始"选单中选择"控制面板",打开控制面板;也可以双击桌面的"计算机"图标,在窗口工具栏中选择"打开控制面板"。

二、桌面的个性化设置

在控制面板窗口中单击"外观和个性化"选项,可以更改主题、桌面背景、半透明窗口颜色,设置屏幕保护程序和显示器的分辨率等。

1.选择桌面主题

Windows 7 系统提供 Aero 主题。Aero 主题将桌面背景、屏幕保护程序及窗口颜色等设置集合在一起形成一个整体风格。方法:选择"外观和个性化"—"个性化 更改主题",在"Aero 主题"栏中选择喜欢的主题,此时系统外观自动应用所选主题。

2.设置动态切换的桌面背景

在 Windows 7 系统下,用户可以从系统提供的丰富多彩的图片中选择桌面背景,也可以设置自己喜欢的图片作为桌面背景,还可以让桌面背景动态切换。选择"外观和个性化"—"个性化 更改桌面背景",在"图片位置(L)"栏中选择"Windows 桌面背景",点击"全选",再设置"图片位置(P)"和"更改时间间隔",单击"保存修改"后设置完成,如图2-4-4。

图2-4-4 设置动态切换背景

3.设置屏幕保护程序

选择"外观和个性化"—"个性化 更改屏幕保护程序",在打开的"屏幕保护程序设置"对话框中,选择保护程序,并设置等待时间和勾选"在恢复时显示登录屏幕"。

4.调整显示器的分辨率

选择"外观和个性化"—"显示 调整屏幕分辨率",在窗口中"分辨率"的下拉列表框中拖动滑块选择需要的分辨率,如图2-4-5所示,并且可以在"高级设置"下设置屏幕"刷新率"。

5.添加桌面小工具

选择"外观和个性化"—"桌面小工具 向桌面添加小工具",双击需要添加的小工具,比如双击"日历"图标,便可以将"日历"小工具添加到桌面上。将光标移动到"日历"上,会浮现几个按钮,如图2-4-6所示,几个按钮的分别表示:关闭、设置为较大尺寸、拖动。

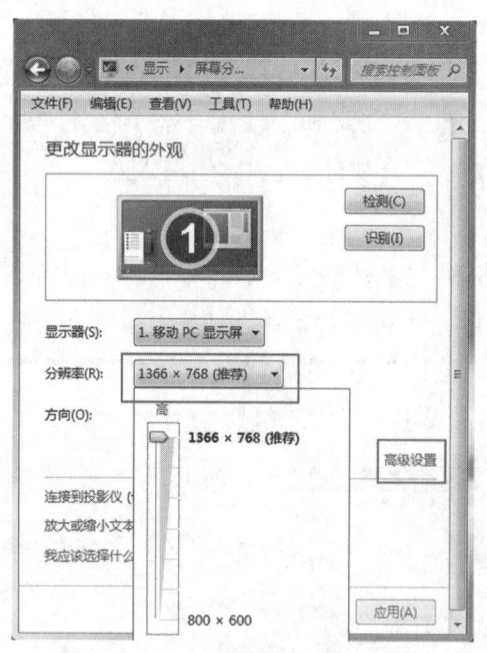

图2-4-5 更改屏幕分辨率   图2-4-6 "日历"小工具

三、设置键盘和鼠标

在控制面板窗口中选择"硬件和声音"—"设备和打印机 鼠标",用户可以通过打开的"鼠标属性"对话框(如图2-4-7所示)更改鼠标和键盘设置。

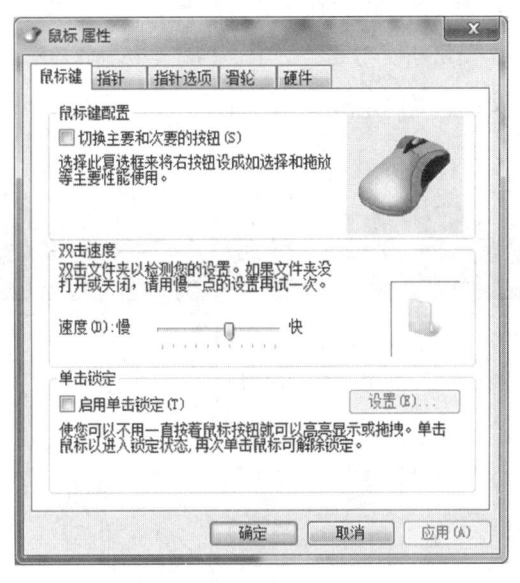

图2-4-7 "鼠标属性"对话框

四、设置中文输入法

在控制面板窗口选择"时钟、语言和区域",可以添加和删除输入法。或右键单击桌面状态栏中的语言栏,选择"设置",打开"文本服务和输入语言"对话框,选择要删除的输入法,点击"删除"即可删除所选输入法。也可以在此设置中/英文切换的热键。

五、卸载应用程序

可以通过控制面板中"程序"选项卸载不需要的程序。点击"程序"—"程序和功能 卸载程序"选项,打开系统安装的程序列表,选择要删除的程序,按提示进行删除。

六、格式化硬盘、硬盘碎片整理

在控制面板的"系统和安全"选项,可以创建并格式化硬盘分区和对硬盘进行碎片整理。选择需要整理的盘,先点击"分析磁盘",然后再点击"磁盘碎片整理"便可以进行清理。

任务拓展

1. 设置"时钟""日历""天气"等小工具在桌面边栏的显示效果。
2. 设置窗口的颜色为"大海",并启用透明效果。
3. 将屏幕的分辨率调到最大。
4. 为桌面设置屏幕保护程序"光泡",等待时间为5分钟。

任务评价

评价内容	评价标准	分值	学生自评	老师评估
控制面板	能熟练打开控制面板	10		
设置桌面	会设置桌面主题、桌面背景、屏幕保护程序	30		
桌面小工具	会添加"日历""时钟"等桌面小工具	20		
卸载程序	会卸载应用程序	20		
磁盘整理	会格式化硬盘,进行硬盘碎片整理	10		
情感评价	具备分析问题、解决问题的能力	10		
学习体会				

项目三

Word 文字处理

本项目介绍 Word 2010 软件。Word 2010 是 Microsoft 公司开发的 Office 2010 办公组件之一。该软件不但能对文档进行简单的编辑排版，而且可以制作图文并茂的精美文档，同时也可以实现各种表格的制作，满足日常办公文档编排的各种需要。本项目从简单文章的录入到图文混排的精美文档的制作，由浅入深地介绍 Word 2010 的知识点及其应用。

知识目标

1. 了解 Word 2010 窗口界面。
2. 掌握文档的创建、保存、打印预览等操作。
3. 掌握文档的录入方法及常用格式的设置方法。
4. 掌握在 Word 中插入图像、编排图像以及修饰图像的技能。
5. 掌握在 Word 中通过各类表格对文档内容辅助排版的技能。

技能目标

1. 能利用 Word 2010 创建和编辑排版文档。
2. 能对文档进行图文混排美化文档。
3. 能使用表格整理文档数据。
4. 能按要求打印文档。
5. 通过学习 Word 2010，为自动化办公奠定基础。

情感目标

1. 培养学生分析问题、解决问题的能力。
2. 培养学生的团队协作能力。

任务一　完成简单文章的录入

任务目标

通过创建 Word 文稿并录入文章"学校简介",熟悉 Word 2010 的界面,掌握创建文档、保存文档及录入文字的基本操作方法。

任务分析

对本次任务做如下分解:

新建文档 → 录入文档 → 保存文档

知识储备

一、Word 2010 界面

启动 Word 2010 后,可以看到如图 3-1-1 所示的界面。

二、录入中文/英文文本

将光标定位到输入点,并将输入法切换到中文/英文状态下,就可在光标处输入中文/英文文本,按回车键换行。

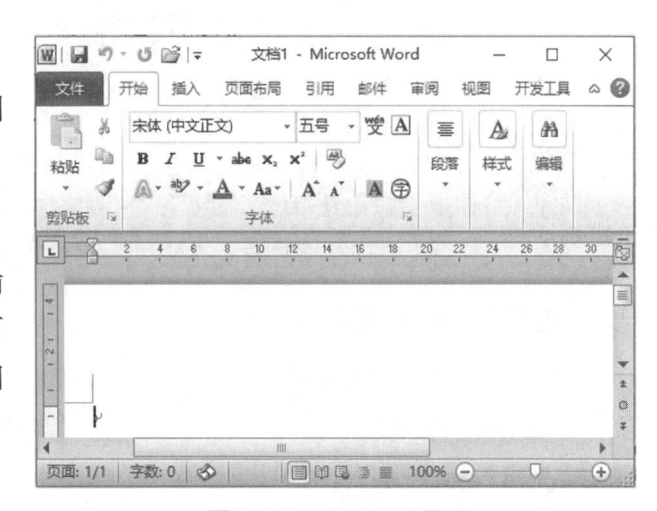

图 3-1-1　Word 2010 界面

三、书名号"《 》"的输入

方法一:在中文输入法状态下,按住Shift键的同时按下"＜"键,生成一个左书名号;按住Shift键的同时按下"＞"键,生成一个右书名号。

方法二:在Word选单栏单击"插入"选项卡—"符号"组—"符号"按钮,选择"其他符号",在"符号"对话框中选择子集"CJK符号和标点"中相应的符号,如图3-1-2所示。

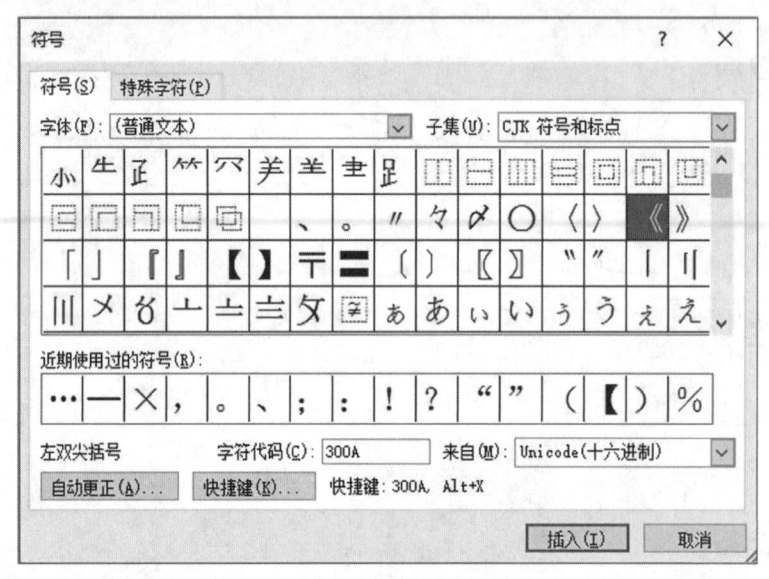

图3-1-2　在"符号"对话框中选择书名号输入

方法三:左击中文输入法的软键盘,选择"标点符号"中相应的符号。

四、顿号"、"的输入

方法一:在中文输入法状态下,按下"\"键即可。

方法二、三:同上书名号的输入方法。

五、破折号"——"的输入

方法一:在中文输入法状态下,按住Shift键的同时按下"－"键。

方法二:单击"插入"选项卡—"符号"组—"符号"按钮,选择"其他符号",在"符号"对话框中选择子集"制表符"中相应的符号,如图3-1-3所示。

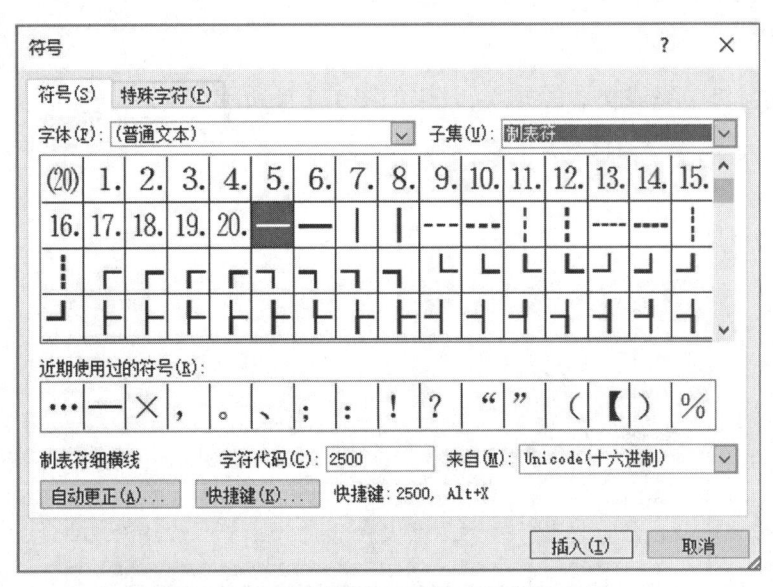

图3-1-3　在"符号"对话框中选择破折号输入

方法三:同上书名号的输入方法。

六、省略号"……"的输入

方法一:在中文输入法状态下,按住Shift键的同时按下"^"键。

方法二:单击"插入"选项卡—"符号"组—"符号"按钮,选择"其他符号",在"符号"对话框中选择"广义标点"中相应的符号。

方法三:同上书名号的输入方法。

任务实施

一、新建文档

方法一:启动Word后,程序会自动建立一个名为"文档1"的文档。

方法二:启动Word后,单击"文件"选项卡,选择"新建"中的"空白文档"。

方法三:启动Word后,按"Ctrl+N"组合键也可以新建一个文档。

二、录入文档

在Word窗口中完成文档的录入,效果如图3-1-4所示。

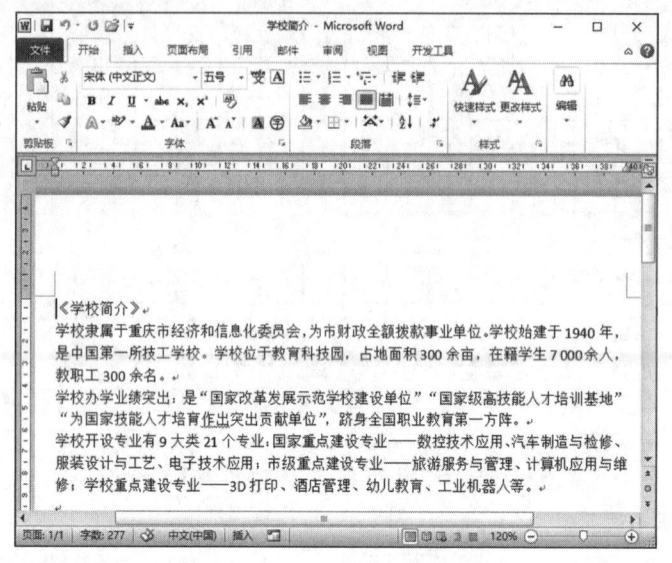

图3-1-4 录入文档"学校简介"

三、保存文档

我们在操作过程中,应该养成使用"保存"功能的习惯,避免因遇到断电、死机等突发事故,造成正在编辑的文档内容丢失。

方法一:单击快速访问工具栏的"保存"按钮。第一次保存会弹出"另存为"对话框(如图3-1-5所示),要求选择文档的保存位置和输入文件名,以后保存都默认以第一次的位置和文件名保存,最近一次的保存会覆盖前面保存的内容。选择保存文件的位置为"桌面",在"文件名"栏中输入"学校简介",选择"保存类型"为"Word文档",单击"保存"按钮。

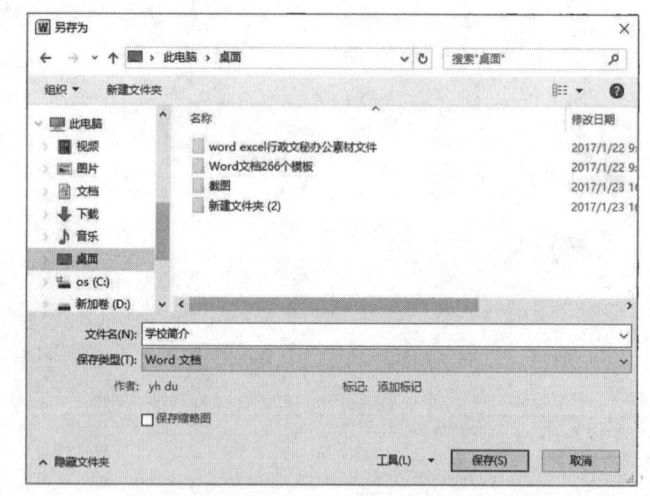

图3-1-5 "另存为"对话框

方法二：直接在Word窗口按"Ctrl+S"组合键实现文档的保存。

方法三：选择"文件"选项卡中的"保存"命令，也可对文档进行保存。

四、打开文档

当我们需要编辑一个已存在的Word文档时，又应该怎么操作呢？

方法一：双击要打开的文档。

方法二：启动Word，单击快速访问工具栏的"打开"按钮，会弹出"打开"对话框（如图3-1-6所示），选择文档所在位置和文档名称，单击"打开"按钮，就可以打开一个文档。

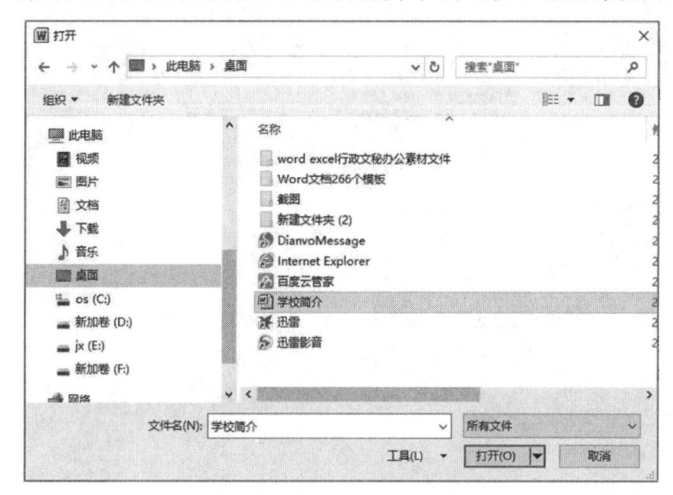

图3-1-6 "打开"对话框

方法三：启动Word，选择"文件"选项卡中的"打开"命令，也可以打开一个文档。

五、另存文档

当我们需要将正在编辑的文档保存在其他位置或改用其他的名字保存时，就要使用"另存为"命令。

方法：选择"文件"选项卡中的"另存为"命令，会打开"另存为"对话框（如图3-1-5所示），选择保存位置，输入新的文件名，单击"保存"按钮。

任务拓展

在"D:\ My Documents\WORD"中新建一个文件名为"社团文化风采节"的Word文档,输入图3-1-7中的文档内容,并保存。

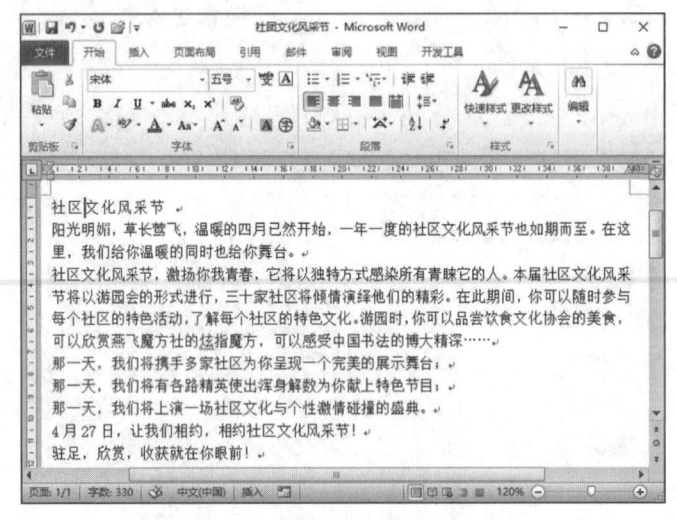

图3-1-7 "社团文化风采节"Word文档

任务评价

评价内容	评价标准	分值	学生自评	老师评估
Word 2010界面	熟悉Word 2010窗口界面,掌握快捷图标的使用方法	10		
Word 2010基本操作	能按要求正确建立、打开、保存文档	25		
中/英文的录入	能正确录入中/英文字符	30		
特殊符号的录入	能正确录入特殊符号	25		
情感评价	具备分析问题、解决问题的能力	10		
学习体会				

任务二　文档的编辑与修改

任务目标

通过对文档"社团文化风采节"进行编辑与修改,掌握 Word 2010 文档的基本操作方法。

任务分析

对本次任务做如下分解:

移动文本 → 复制文本 → 删除文本

知识储备

要对文档进行编辑与修改,首先是要定位到目标位置或是准确选中编辑对象,然后使用复制、粘贴、删除等功能对文档进行修改,还可以使用查找/替换命令帮助我们快速批量修改。

一、移动插入点

文档中闪烁的光标,即插入点,指示当前输入位置,它只能在文本编辑区内移动。移动插入点的方法如下:

方法一:使用鼠标在文本编辑区单击。

方法二:使用键盘移动,具体操作见表3-2-1。

表3-2-1　键盘移动插入点方法

按键	用途
←	左移一个字符的位置
→	右移一个字符的位置
↑	上移一行
↓	下移一行
PageUp	上移一屏
PageDown	下移一屏
Home	移到行首
End	移到行尾

二、选择文本

选择文本的具体操作见表3-2-2。

表3-2-2　选择文本的操作方法

操作区域	操作方式
任意数量的文本	在文本开始位置单击,按下鼠标左键拖过要选中的文本
一个词	在单词中的任何位置双击
一行文本	在选定区,当鼠标变成空心反向箭头时单击
一个句子	按下Ctrl键不放,然后在句中任意位置单击
一个段落	在段落中任意位置三击,或在段落旁边的选定区双击
全文	在选定区三击,或按"Ctrl+A"组合键
矩形区域	按住Alt键拖动鼠标可以选定文本中一个矩形区域

三、移动、复制、删除文本

1.移动文本

方法一:选定文本后,单击"开始"选项卡的"剪切"命令,然后把插入点移动到目标位置,再单击"粘贴"命令。

方法二:选定文本后,用鼠标拖到目标位置。

2.复制文本

方法一：选定文本后，单击"开始"选项卡的"复制"命令，然后把插入点移动到目标位置，再单击"粘贴"命令。

方法二：选定文本后，按住Ctrl键不放，用鼠标拖到目标位置。

3.删除文本

方法一：将插入点定位到要删除的文本前面，按Delete键逐一删除。

方法二：将插入点定位到要删除的文本后面，按Backspace键逐一删除。

方法三：选定文本后，按Delete键删除选定的文本。

任务实施

(1)打开"社团文化风采节"文档。

(2)通读文档内容，找出文档的错别字进行修改。

(3)将文档的标题复制，粘贴到文档末，并在其后添加"组委会"三个字。

(4)删除文档第一段中的最后一句话"在这里，我们给你温暖的同时也给你舞台。"

(5)将文档第二段中"三十家社区将倾情演绎他们的精彩"之后的内容独立成一个新的段落。

(6)将文档中所有的"社区"替换为"社团"。

方法：将插入点定位到文档开头处，单击"开始"选项卡—"编辑"组—"替换"按钮，会弹出"查找和替换"对话框（如图3-2-1所示），在"查找内容"列表框中输入"社区"，在"替换为"列表框中输入"社团"，单击"全部替换"按钮，将显示信息（如图3-2-2所示），点击"确定"按钮完成替换操作。

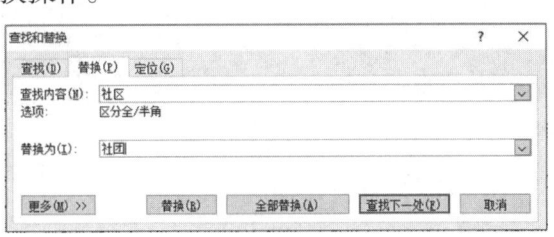

图3-2-1 "查找和替换"对话框

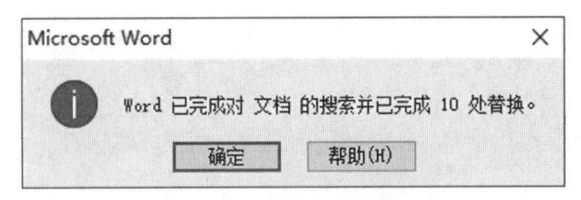

图3-2-2 替换完成提示信息

任务拓展

打开Word素材中的"现代信息技术在教学中的应用",并对它按以下要求进行编辑:

1.给文档添加一个标题,标题名为"论文"。

2.将文档中的第二段"本文从我国计算机基础教……"与第三段"以计算机技术为核心的……"的内容交换位置。

3.将文档中的"信息技术"替换为"IT"。

4.将文档另存在"D:\My Documents\WORD"中。

任务评价

评价内容	评价标准	分值	学生自评	老师评估
插入点的移动	能掌握插入点移动的方法	10		
文本的选择	能按要求进行文本的正确选择	20		
文本的复制、粘贴和删除	能正确进行文本的复制、粘贴和删除操作	30		
文本的查找和替换	能按要求查找和替换文本	30		
情感评价	具备分析问题、解决问题的能力	10		
学习体会				

任务三 文档格式的设置

任务目标

通过对文档"社团文化风采节"进行各种格式设置,掌握 Word 2010 文档基本格式的设置方法,提高文档美观程度。

任务分析

对本次任务做如下分解:

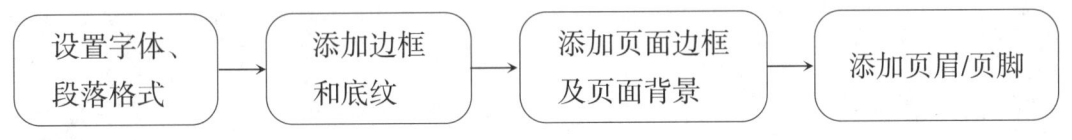

设置字体、段落格式 → 添加边框和底纹 → 添加页面边框及页面背景 → 添加页眉/页脚

知识储备

想要美化文档,对文档的格式进行设置,首先要熟悉有关文档格式设置的各种方法。

一、设置字体格式

方法一:选择要设置的文本,使用"开始"选项卡—"字体"组(如图3-3-1所示)中的按钮进行字体、字号、字形、上下标、字体颜色、文本效果、字符边框、字符底纹等参数设置。

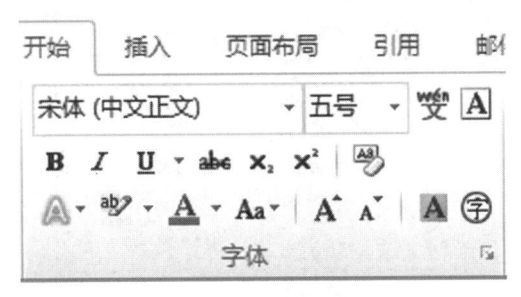

图3-3-1 "字体"组

方法二:选择要设置的文本,单击"开始"选项卡中的"字体"对话框启动器。在打开的"字体"对话框中,进行字体、字号、字形、字体颜色、效果及字符间距等参数设置,如图3-3-2、图3-3-3所示。

> **小贴士**
>
> 字号以"磅"为单位,可以在字号列表框中选择字号,也可以将字号数值输入字号编辑框中,取值范围1~1 638,可以精确到0.5。

图3-3-2 "字体"选项卡

图3-3-3 "高级"选项卡

方法三:选择要设置的文本,在打开的浮动工具栏(如图3-3-4所示)中设置字号大小、选择字体等。

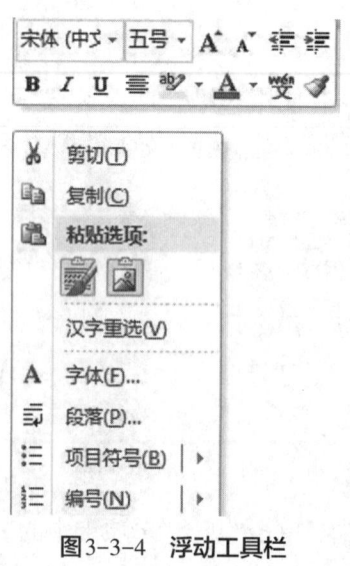

图3-3-4 浮动工具栏

二、设置段落格式

方法一:选择要设置的段落,使用"开始"选项卡—"段落"组(如图3-3-5所示)中的按钮进行对齐方式、缩进、行和段落间距等参数设置。

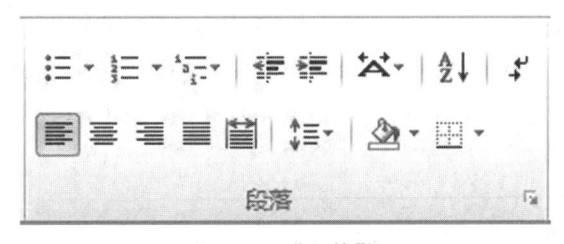

图3-3-5 "段落"组

方法二:选择要设置的段落,单击"开始"选项卡中的"段落"对话框启动器。在打开的"段落"对话框(如图3-3-6所示)的"缩进和间距"选项卡中,进行对齐方式、缩进、间距、行距等参数设置。

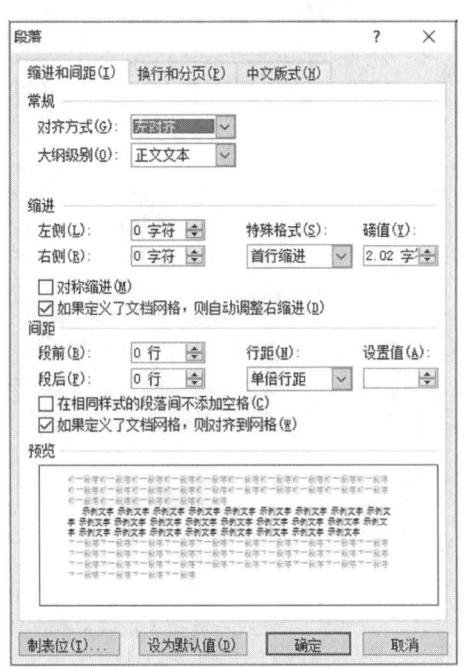

图3-3-6 "段落"对话框

> **小贴士**
>
> 首行缩进指段落第一行的缩进;悬挂缩进指段落中除第一行之外的其他行的缩进。

三、设置边框

在文档中插入边框,可以使相关段落内容更加醒目,从而增强文档的可读性。边框根据应用范围不同,分为"文字边框"和"段落边框"。

方法:选择要设置边框的对象,单击"开始"选项卡—"段落"组—"下框线"下拉按钮,在下拉选单中选择"边框和底纹",打开"边框和底纹"对话框(如图3-3-7所示)。选择"边框"选项卡,进行文字边框样式、颜色、宽度、应用范围设置。

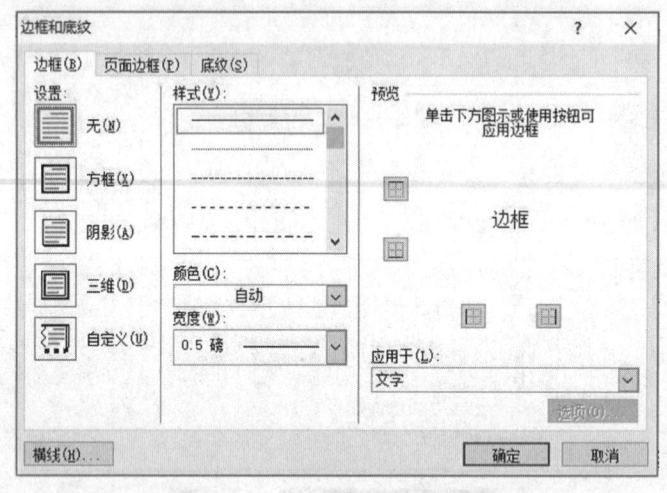

图3-3-7 "边框和底纹"对话框

四、设置底纹

方法:同"三、设置边框"方法打开"边框和底纹"对话框后,选择"底纹"选项卡(如图3-3-8所示),进行填充颜色、图案、应用范围设置。

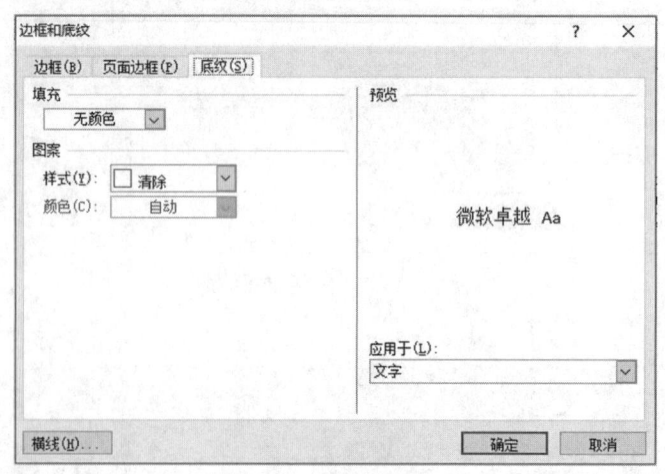

图3-3-8 "底纹"选项卡

五、设置页面边框

方法：将插入点定位在文档中的任意位置，单击"页面布局"选项卡—"页面背景"组—"页面边框"按钮，在打开的"页面边框"选项卡（如图3-3-9所示）中，进行页面边框样式、颜色、宽度、艺术型等参数设置。

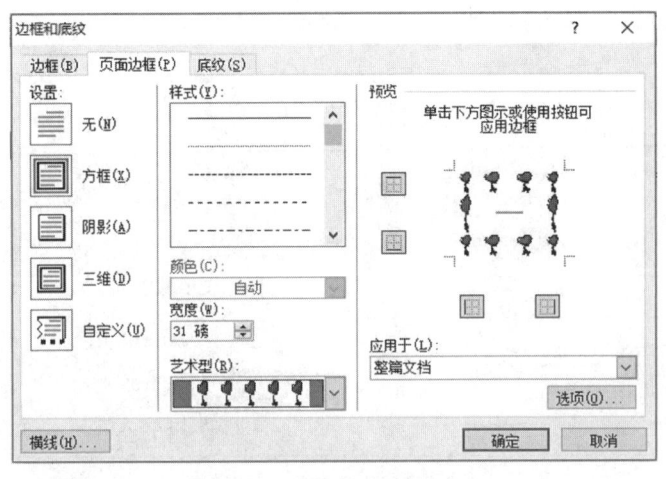

图3-3-9 "页面边框"选项卡

六、设置文本效果

Word 2010内置了很多文本效果，可快捷设置出丰富多彩的文字效果，但也可以根据需要进行个性化的效果设置。

方法：选择要设置文本效果的对象，单击"开始"选项卡—"字体"组—"文本效果"下拉按钮，进行内置效果、阴影、映像、发光、轮廓设置，如图3-3-10所示。

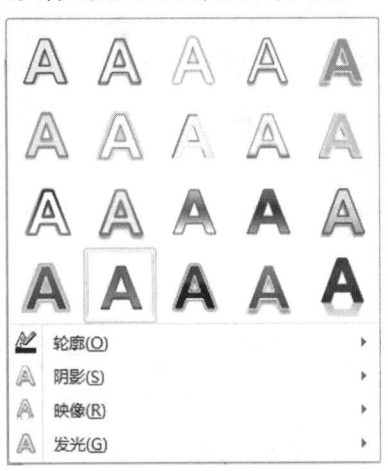

图3-3-10 "文本效果"下拉选单

七、设置页码、页眉、页脚

页眉和页脚通常显示文档的附加信息，常用来插入时间、日期、页码、单位名称、徽标等。其中，页眉在页面的顶部，页脚在页面的底部。

方法一：打开要设置的文档，在"插入"选项卡—"页眉和页脚"组，根据需要单击"页眉""页脚"或"页码"的按钮，分别对页眉、页脚或页码进行设置，如图3-3-11、图3-3-12所示。

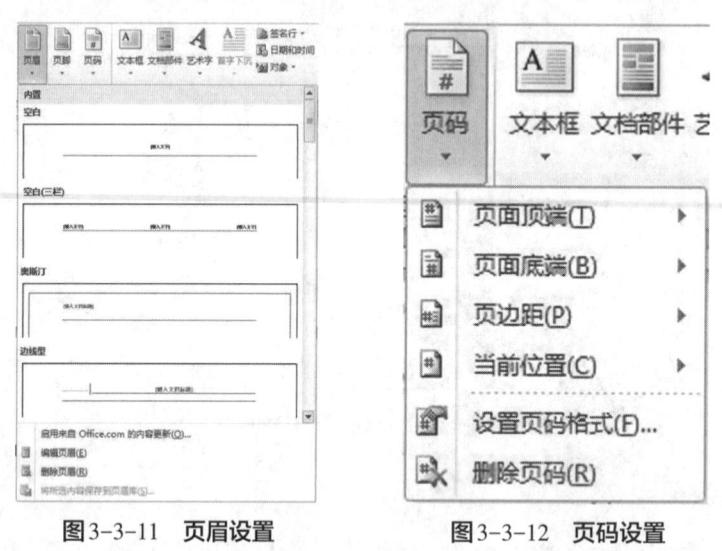

图3-3-11　页眉设置　　　　　图3-3-12　页码设置

方法二：可以通过直接双击页眉/页脚区域对页眉、页脚进行编辑，页眉/页脚区域的内容（文字或页码信息）自行输入，并进行格式设置。在页眉/页脚编辑状态下，双击文本编辑区的任意位置即可退出页眉/页脚编辑状态，或单击"页眉和页脚工具 设计"选项卡—"关闭页眉和页脚"按钮，如图3-3-13所示。如果想在页眉和页脚之间进行切换，可以单击"页眉和页脚工具 设计"选项卡中的"转至页脚"或"转至页眉"按钮。如果要删除已存在的页眉，可使用图3-3-11中的"删除页眉"命令进行操作，删除页脚的方法与删除页眉相似。

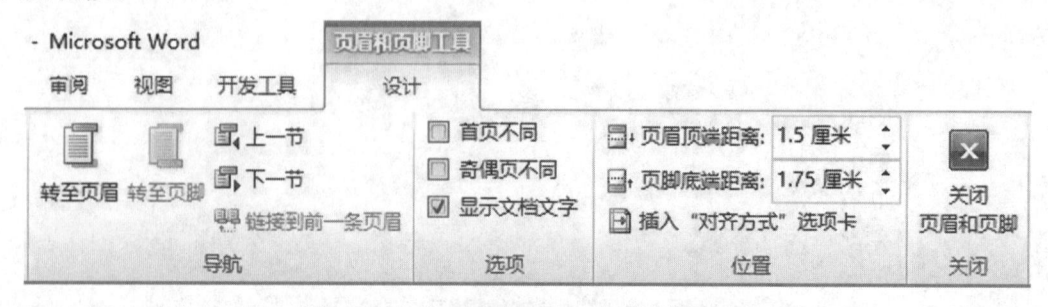

图3-3-13　"页眉和页脚工具 设计"选项卡

八、设置页面背景颜色

页面背景指显示于Word文档最底层的颜色或图案，用于丰富文档的页面显示效果。

方法：打开要设置的文档，选择"页面布局"选项卡—"页面背景"组（如图3-3-14所示），进行水印、页面颜色、页面边框等参数设置。

图3-3-14 "页面背景"组

任务实施

一、打开文档

先浏览Word素材中的"社团文化风采节最终效果图"，如图3-3-15所示，然后打开"社团文化风采节"Word文档进行文档格式的设置。

二、设置标题格式

（1）将标题设置为"黑体""一号""居中"。

（2）对标题应用"文本效果"。

方法：选择文档标题，单击"开始"选项卡—"字体"组—"文本效果"按钮，在下拉选单中选中"填充-无,轮廓-强调文字颜色效果2"，如图3-3-16所示。

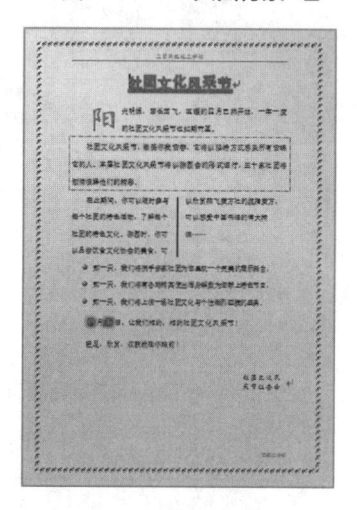

图3-3-15 社团文化风采节最终效果图

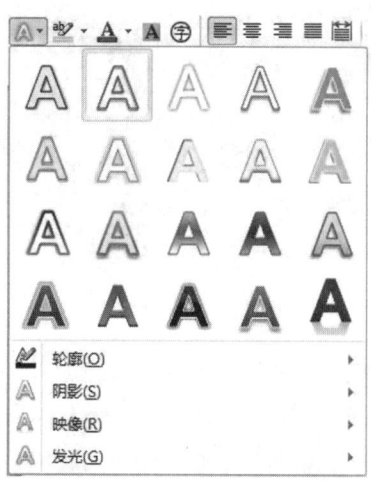

图3-3-16 文本效果的设置

(3)将标题中的"团""化""采"三个字的位置提升3磅。

方法:选中标题中的"团"字,启动"字体"对话框—"高级"选项卡,设置位置为"提升",磅值为"3磅",如图3-3-17所示。其他两个字的设置方法相同。

(4)给标题加下划线。

方法:选择标题,启动"字体"对话框—"字体"选项卡,设置下划线线型为双下划线,下划线颜色为"红色,强调文字颜色2,深色25%",如图3-3-18所示。

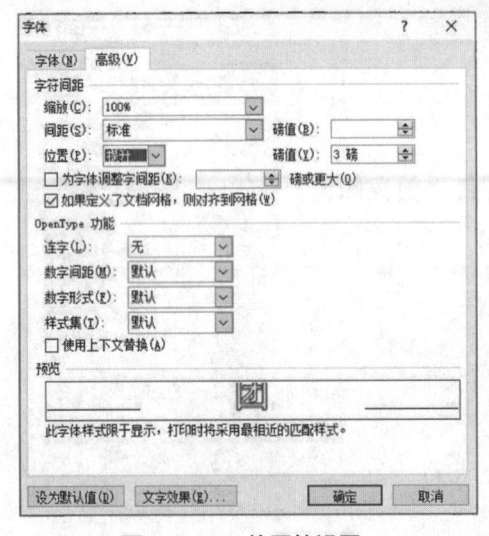

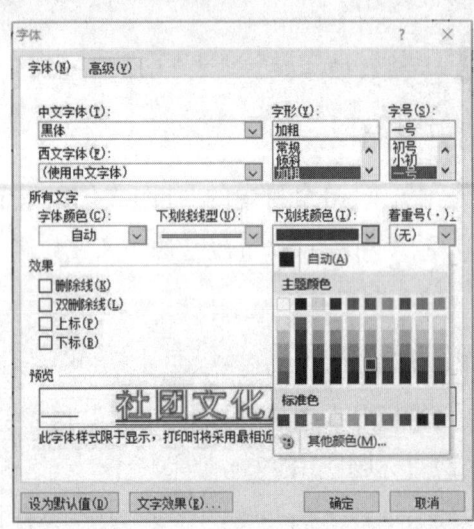

图3-3-17　位置的设置　　　　　　　图3-3-18　下划线的设置

小贴士

当我们在为多个不同内容设置相同的格式时,可以使用"格式刷"工具进行快捷设置。方法:如果一处文本设置相同的格式,则选择已经设置好格式的内容,单击"格式刷"按钮,按下鼠标左键拖过想使用相同格式的文本,松开鼠标左键,自动退出"格式刷",进入编辑状态;如果多处文本设置相同的格式,则双击"格式刷"按钮,按下鼠标左键拖过多处需使用相同格式的文本,设置完毕,按Esc键退出"格式刷"。

三、设置正文格式

(1)设置正文(标题及最后一行除外)字体、缩进和行距。

方法:选中正文,在浮动工具栏中设置字体为"宋体"、字号为"四号"。后启动"段落"对话框,设置"首行缩进""2个字符",行距"12磅",如图3-3-19所示。

(2)将文档末行设置为"楷体""28磅""右对齐"。

(3)设置文档段间距和字间距。

将末行的段前间距设置为2行;正文第4、5、6段文字间距紧缩0.7磅。

方法:同时选中第4、5、6段,启动"字体"对话框,选择"高级"选项卡,设置字符间距为"紧缩""0.7磅",单击"确定"按钮,如图3-3-20所示。

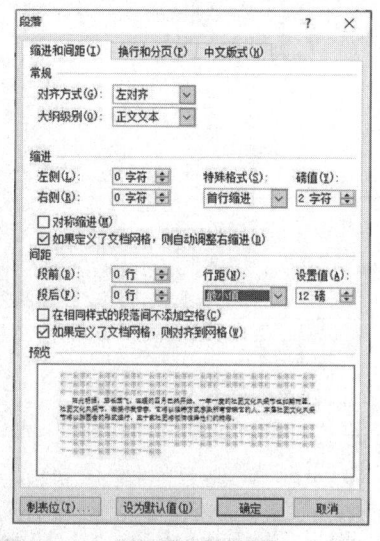

图3-3-19　缩进和行距设置　　　　图3-3-20　字符间距设置

(4)设置方框和底纹。

①给正文第2段添加应用于段落的方框。

方法:选中正文第2段,单击"开始"选项卡—"段落"组—"下框线"的下拉按钮,在下拉选单中选择"边框和底纹"。在"边框和底纹"对话框中选择"边框"选项卡,进行边框样式、颜色、应用范围设置,如图3-3-21所示。

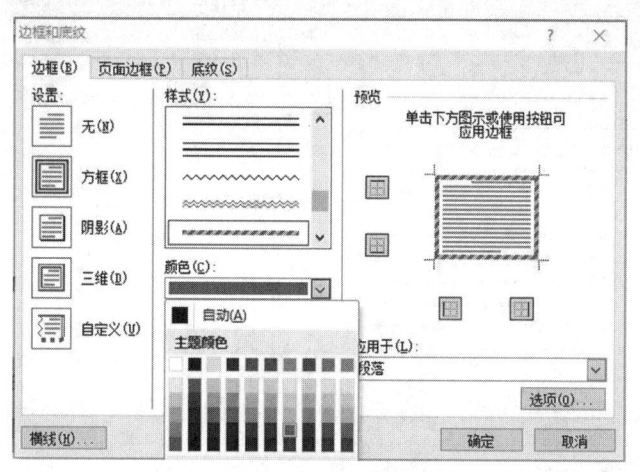

图3-3-21　边框设置

②给正文第2段添加应用于文字的底纹。

方法：选中正文第2段，同上方法打开"边框和底纹"对话框，选择"底纹"选项卡，进行底纹填充、应用范围设置，如图3-3-22所示。

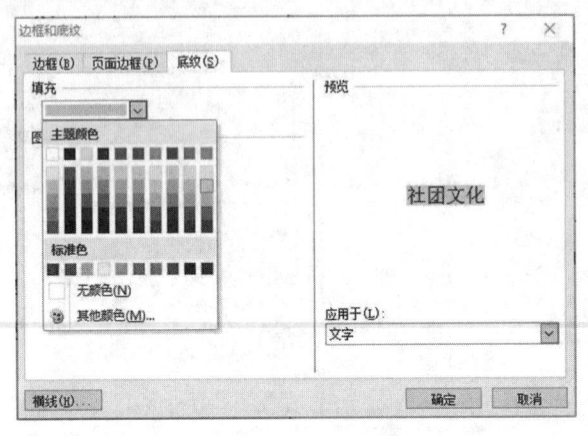

图3-3-22　底纹设置

(5)给正文第4、5、6段添加项目符号。

方法：同时选中正文第4、5、6段，单击"开始"选项卡—"段落"组—"项目符号"的下拉按钮，下拉选单中选择"定义新项目符号"。在弹出的"定义新项目符号"对话框(如图3-3-23所示)中选择"图片"命令。在弹出的"图片项目符号"对话框(如图3-3-24所示)中选择需要的图片，然后单击"确定"按钮。

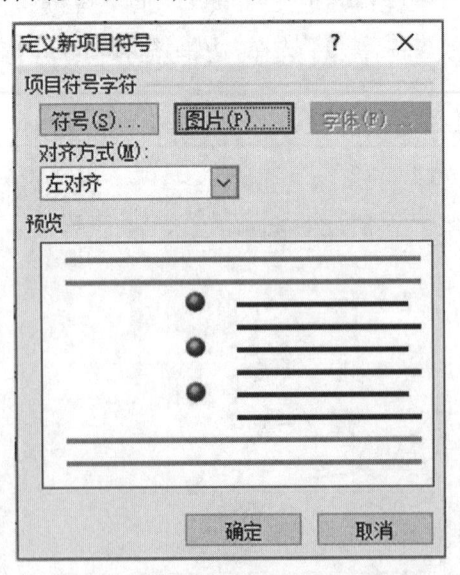

图3-3-23　"定义新项目符号"对话框 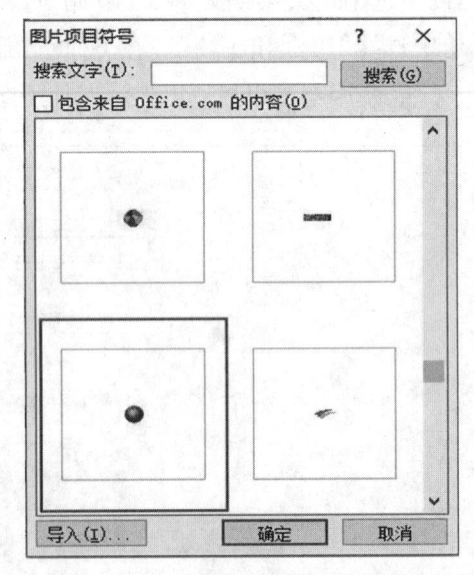　　　图3-3-24　"图片项目符号"对话框

(6)将正文第一段的第一个字"阳"设置为"首字下沉",下沉2行,字体为"华文新魏",并将其颜色设置为绿色。

方法:选中正文第一段的第一个字"阳",单击"插入"选项卡—"文本"组—"首字下沉"—"首字下沉选项"。在弹出的"首字下沉"对话框中进行位置、字体、下沉行数的设置,如图3-3-25所示。

(7)将正文第7段中的两个阿拉伯数字"4"和"27"设置为带圈文字(增大圈号),并且给它们添加发光文本效果。

方法:选中文本"4",单击"开始"选项卡—"字体"组—"带圈字符"按钮。在打开的"带圈字符"对话框中进行圈的设置,如图3-3-26所示。单击"开始"选项卡—"字体"组—"文本效果"的下拉按钮,在"发光变体"选项中进行效果的设置,如图3-3-27所示。"27"设置同"4"。

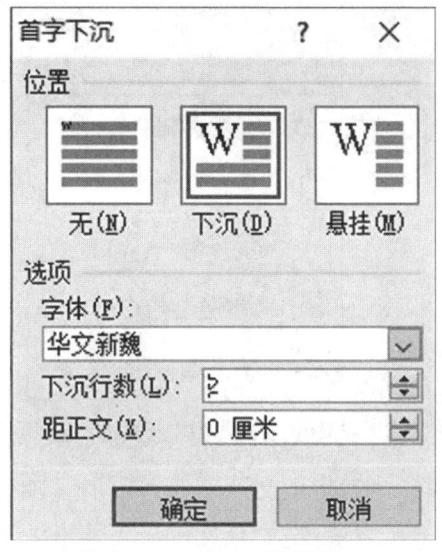

图3-3-25 首字下沉设置

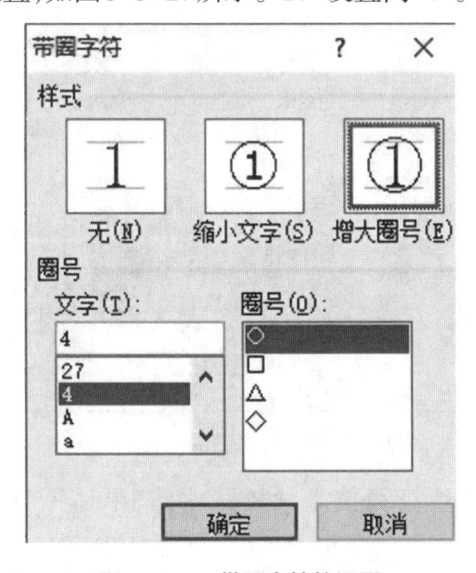

图3-3-26 带圈字符的设置　　图3-3-27 发光效果的设置

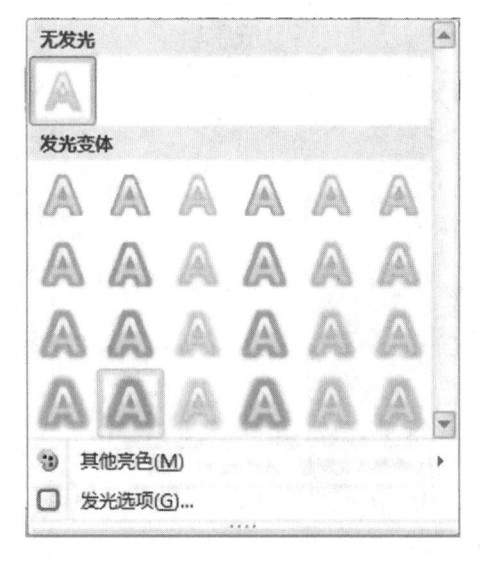

(8)将文章落款"社团文化风采节组委会"设置为中文版式"双行合一"。

方法:选中落款,单击"开始"选项卡—"段落"组—"中文版式"的下拉按钮,在下拉选单中选择"双行合一",如图3-3-28所示。在打开的"双行合一"对话框中进行设置,完成后单击"确定"按钮,如图3-3-29所示。

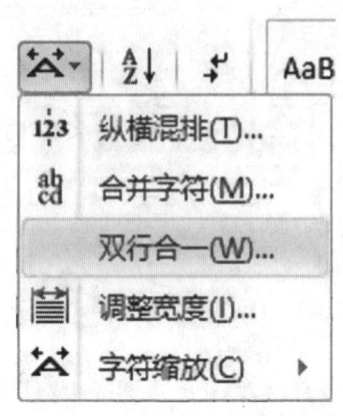

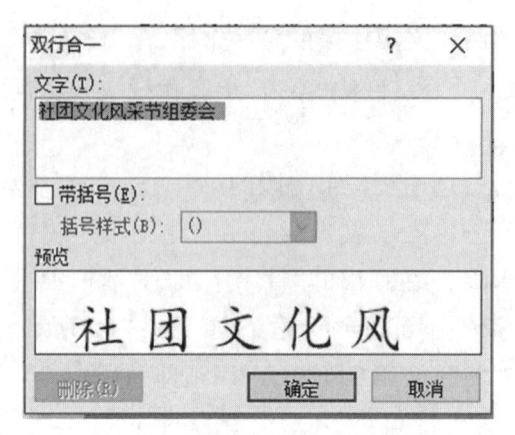

图3-3-28　中文版式的设置　　　　图3-3-29　"双行合一"版式设置

(9)将正文第3段分成两栏,加分隔线。

方法:选中正文第3段,单击"页面布局"选项卡—"页面设置"组—"分栏"的下拉按钮,在下拉选单中选择"更多分栏",如图3-3-30所示。在打开的"分栏"对话框中,进行栏数、栏宽、分隔线的设置,如图3-3-31所示。

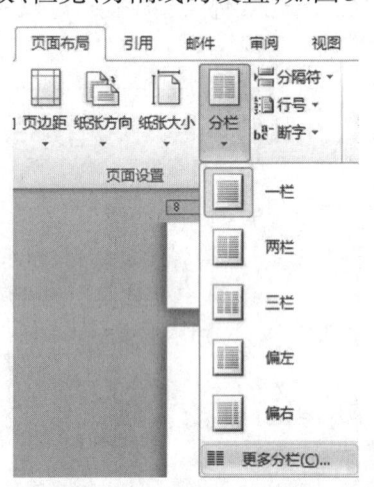

图3-3-30　选择"更多分栏"　　　　图3-3-31　分栏设置

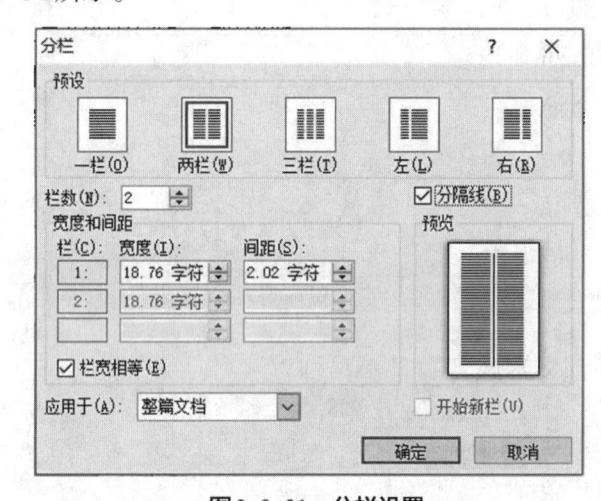

(10)给文档加页眉/页脚,页眉为文字"工贸高级技工学校",字体"楷体",字号"10.5"磅,对齐方式"居中";页脚为文字"团委宣传部",字体"楷体",字号"10.5"磅,对齐方式"右对齐"。

方法:单击"插入"选项卡—"页眉和页脚"组—"页眉"的下拉按钮,在下拉选单中选择"编辑页眉",如图3-3-11所示。在页眉编辑区输入文字并设置字体、字号以及对齐方式,如图3-3-32所示,设置完成后双击文本编辑区退出页眉/页脚编辑状态。页脚的设置方法与页眉的设置方法相似。

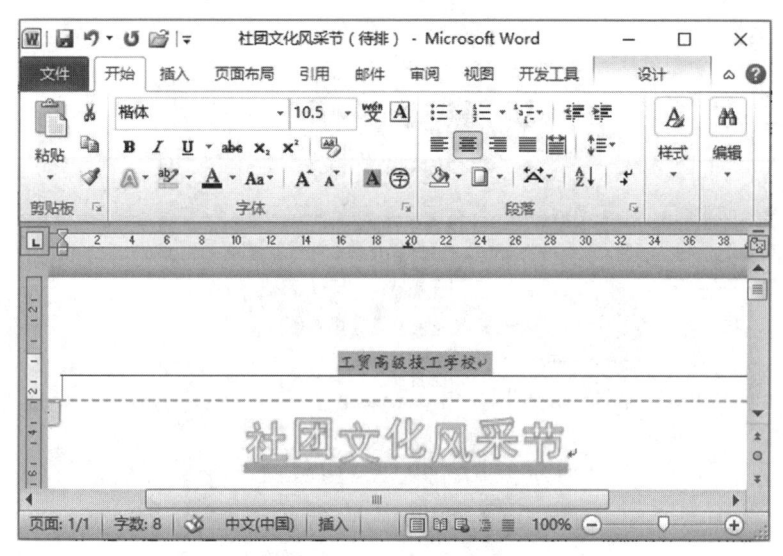

图3-3-32　页眉的设置

(11)给整个文档添加页面边框。

方法:将插入点定位在文本中任意位置,单击"页面布局"选项卡—"页面背景"组—"页面边框"的按钮。在打开的"边框和底纹"对话框中的"页面边框"选项卡中设置页面边框,如图3-3-33所示。

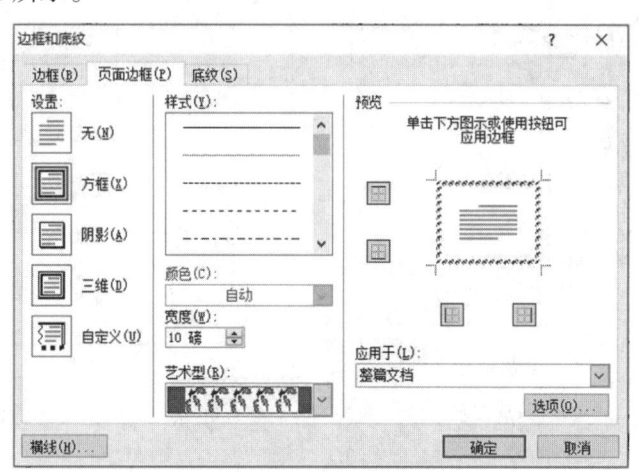

图3-3-33　页面边框的设置

(12)给整个文档添加背景颜色。

方法:将插入点定位在文本中任意位置,单击"页面布局"选项卡—"页面背景"组—"页面颜色"的下拉按钮,在下拉选单中选择"填充效果"。在打开的"填充效果"对话框的"渐变"选项卡中进行颜色、底纹样式的设置,如图3-3-34至图3-3-36所示,完成后按"确定"按钮退出。

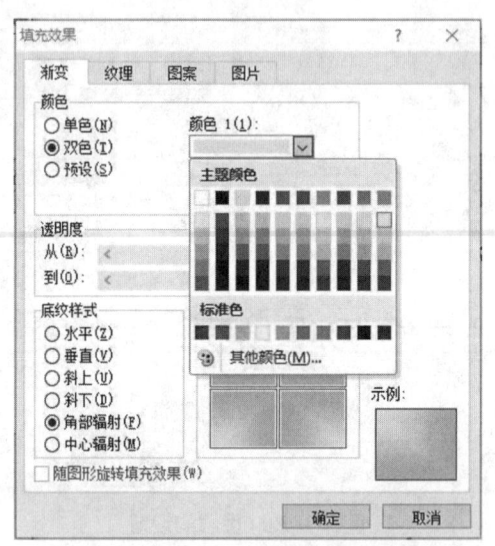

图3-3-34 "渐变"中颜色1设置

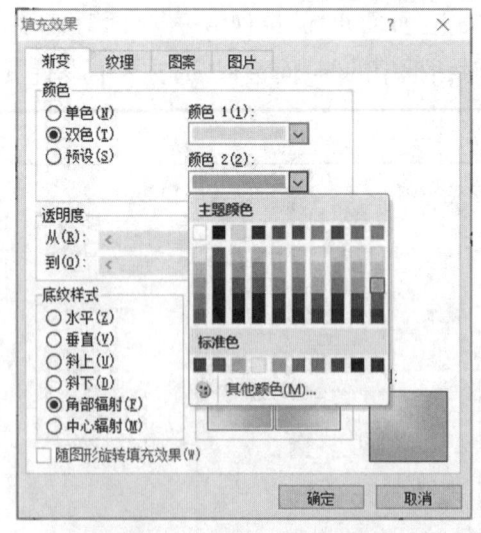

图3-3-35 "渐变"中颜色2设置

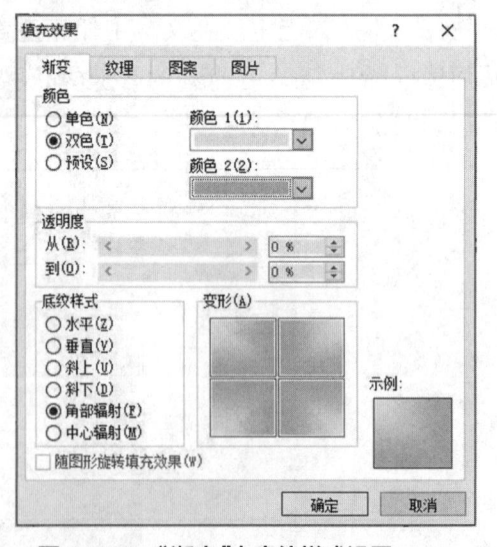

图3-3-36 "渐变"中底纹样式设置

任务拓展

任务1：打开Word素材中的"杂想"文档，并对它按以下要求进行设置，最终效果请参照Word素材中"杂想最终效果图"。

1.将标题"杂想"的字体设置为"黑体"，字号设置为"初号"，并加方框，线型为波浪式，宽度为"1.5磅"，应用于"段落"。

2.将正文的字号设置为"四号"，字体为"楷体"。

3.将第1段文字的缩放设置为"150%"，添加图案样式为"浅色下斜线"、颜色为"浅蓝"、应用于"文字"的底纹。

4.将第2段文字的缩放设置为"75%"，添加填充为"浅绿色"、应用于"文字"的底纹。

5.将第3段文字的字体设置为"黑体"，添加图案样式为"浅色网格"、颜色为"浅黄"、应用于"段落"的底纹。

6.将第4段文字的字体设置为"仿宋"，添加图案样式为"浅色竖线"、颜色为"粉红"、应用于"段落"的底纹。

7.将文档另存在"D:\ My Documents\WORD"中。

任务2：打开Word素材中的"职业规划"文档，并对它按以下要求进行设置，最终效果请参照Word素材中"职业规划最终效果图"。

1.添加标题"成功的人不是赢在起点，而是赢在转折点"，并设置字体为"隶书"，字号为"一号"，对齐方式为"居中对齐"。

2.设置标题的段后间距为"1行"。

3.将正文的第1、2段交换位置。

4.将正文的字体设置为"仿宋"，字号为"三号"，"首行缩进""2个字符"，行距为"固定值""28磅"。

5.将正文第1段的字符间距设置为"紧缩""1磅"。将第一个字设置"首字下沉"效果，下沉"4行"。

6.将正文第2段设置为"悬挂缩进""2个字符"。

7.将正文第3段分为两栏，栏宽相等，加分隔线。

8.为正文最后一段添加应用于"文字"、填充颜色为"蓝色"的底纹，并为每一个字加上着重号。

9.为文档在底部居中位置添加页码。

10.将文档另存在"D:\ My Documents\WORD"中。

任务3：打开Word素材中的"办公行为规范"文档，并对它按以下要求进行设置，最终效果请参照Word素材中"办公行为规范最终效果图"。

1.将标题的字符间距设置为"加宽""6磅"。

2.给标题添加带阴影、颜色为"红色"、样式为"直线"、宽度为"1.5磅"、应用于"文字"的边框。

3.给小标题("总则""细则")添加"深红"的底纹。

4.给"总则"下的一段文字添加填充颜色为"红色,强调文字颜色2,淡色60%"、样式为"浅色上斜线"、应用于"段落"的底纹。

5.给文档的最后一个段落添加一个如图3-3-37所示的自定义段落边框,具体参数为:上框线为"红色""0.5磅""直线",下框线为"红色""3磅",图中所示线型,应用于"段落"。

责任

本制度的检查、监督部门为公司办公室、总经理共同执行,违反此规定的人员,将给予50~100元的扣薪处理。本制度的最终解释权在公司。

图3-3-37　自定义段落边框

6.给文档中的某些段落添加数字编号,具体效果参照图3-3-38、图3-3-39。

服务规范:

一、 仪表:公司职员工应仪表整洁、大方。

二、 微笑服务:在接待公司内外人员的垂询、要求等任何场合,应注视对方,微笑应答,切不可冒犯对方。

三、 用语:在任何场合应用语规范,语气温和,音量适中,严禁大声喧哗。

四、 现场接待:遇有客人进入工作场地应礼貌劝阻,上班时间(包括午餐时间)办公室内应保证有人接待。

五、 电话接听:接听电话应及时,一般铃响不应超过三声,如受话人不能接听,离之最近的职员应主动接听,重要电话做好接听记录,严禁占用公司电话时间太长。

图3-3-38　添加数字编号效果1

办公秩序

六、 工作时间内不应无故离岗、串岗，不得闲聊、吃零食、大声喧哗，确保办公环境的安静有序。

七、 职员间的工作交流应在规定的区域内进行（大厅、会议室、接待室、总经理室）或通过公司内线电话联系，如需在个人工作区域内进行谈话的，时间一般不应超过三分钟（特殊情况除外）。

八、 职员应在每天的工作时间开始前和工作时间结束后做好个人工作区内的卫生保洁工作，保持物品整齐，桌面清洁。

九、 部、室专用的设备由部、室指定专人定期清洁，公司公共设施则由办公室负责定期的清洁保养工作。

十、 发现办公设备（包括通讯、照明、影音、电脑、建筑等）损坏或发生故障时，员工应立即向办公室报修，以便及时解决问题。

图3-3-39　添加数字编号效果2

7.给文档添加一个渐变预设颜色为"雨后初晴"、底纹样式为"斜上"、变形为"右下角"的页面背景。

8.将文档另存在"D:\ My Documents\WORD"中。

任务评价

评价内容	评价标准	分值	学生自评	老师评估
字体的设置	能熟练使用"字体"对话框对字体、字号、字符间距等参数进行正确设置	10		
段落的设置	能熟练使用"段落"对话框对对齐方式、行距、缩进、段距等参数进行正确设置	10		
边框的设置	能使用正确的方法完成相应边框的设置	15		
页眉/页脚的设置	能使用正确方法进行页眉、页脚内容的编辑与修改以及页码的插入	10		

续表

评价内容	评价标准	分值	学生自评	老师评估
"首字下沉"的设置	能使用正确方法设置"首字下沉"并对其参数进行调整	10		
分栏的设置	能使用正确方法设置分栏并对其参数进行调整	10		
项目符号和编号的设置	能使用正确方法设置项目符号、编号,并对其参数进行调整	15		
"格式刷"的使用	能灵活运用"格式刷"提高编辑效率	10		
情感评价	具备分析问题、解决问题的能力	10		
学习体会				

任务四　图文混排

任务目标

通过制作"节能低碳"宣传海报，掌握在Word 2010中插入图片、编辑以及修饰图片的技能，掌握Word 2010图形的绘制、修饰技能，制作出更具艺术效果、图文并茂的精美文档。

任务分析

对本次任务做如下分解：

插入及设置图片 → 简单编辑图片 → 应用及设置艺术字和文本框 → 绘制自选图形及设置样式

知识储备

一、图片的插入

方法：将插入点定位到文档中要插入图片的位置，单击"插入"选项卡—"插图"组—"图片"按钮。在弹出的"插入图片"对话框中，选择需要的图片，单击"插入"按钮，如图3-4-1所示。

图3-4-1 "插入图片"对话框　　　　图3-4-2 "剪贴画"任务窗格

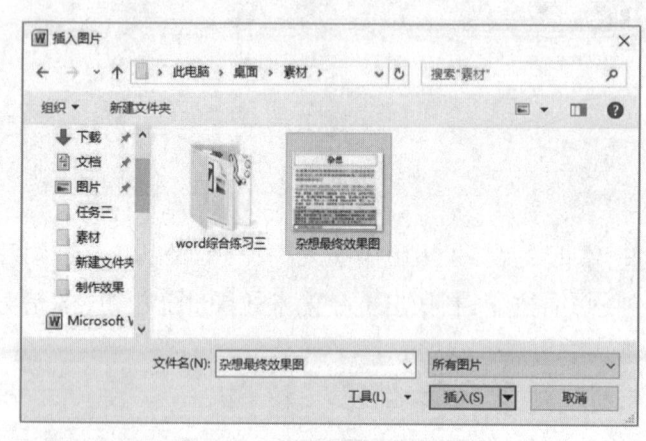

> **小贴士**
>
> 剪贴画是 Word 自带的图像，在编辑文档时也经常用到。插入方法是：将插入点定位到文档中要插入剪贴画的位置，单击"插入"选项卡—"插图"组—"剪贴画"按钮。在弹出的"剪贴画"任务窗格（如图3-4-2所示）的"搜索文字"编辑框中输入搜索文字（如"植物"），单击"结果类型"下拉按钮，在列表中选择"插图"或"所有媒体文件类型"，单击"搜索"按钮。含指定关键字的剪贴画则会显示，鼠标左键拖动需要的剪贴画于文档中，或单击剪贴画右侧的下拉按钮，选择"插入"，该剪贴画则会被插入到文档中。

二、图片环绕方式的设置

环绕方式指图片与文本的位置关系，要想自如地控制图片，选择合适的环绕方式很重要。

方法一：选择要设置的图片，在选项卡区将会出现"图片工具 格式"选项卡，如图3-4-3所示。单击"图片工具 格式"选项卡—"排列"组—"位置"的下拉按钮，在下拉选单中选择一种文字环绕方式，如图3-4-4所示。也可以在下拉选单中选择"其他布局选项"，在弹出的"布局"对话框的"文字环绕"选项卡中进行环绕方式的设置，如图3-4-5所示。

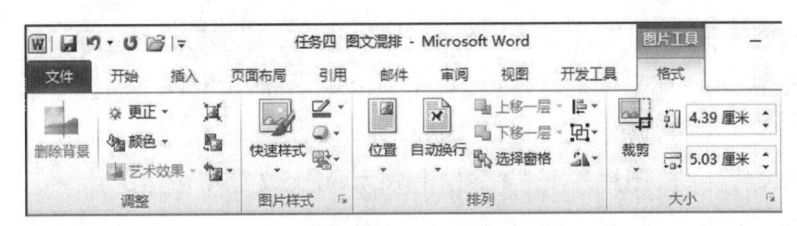

图3-4-3 "图片工具 格式"选项卡

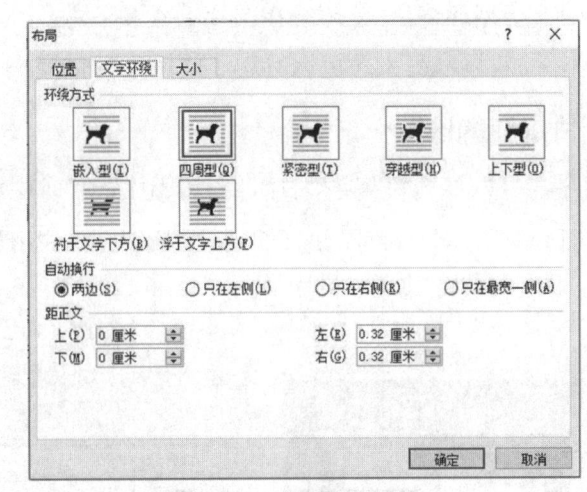

图3-4-4 文字环绕方式设置

图3-4-5 "布局"对话框

方法二:选择要设置的图片,单击"图片工具 格式"选项卡—"排列"组—"自动换行",在下拉选单中选择一种文字环绕方式,如图3-4-6所示。

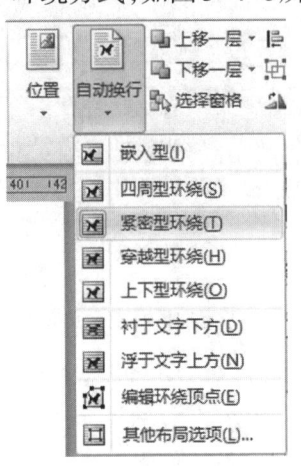

图3-4-6 选择文字环绕方式

不同的文字环绕方式有什么不同呢?

(1)嵌入型环绕:图片作为字符插入到Word文档中,其位置随着其他字符的改变而改变,用户不能自由移动图片,它是Word的默认环绕方式。

(2）四周型环绕：不管图片是否为矩形图片，文字以矩形方式环绕在图片四周。

（3）紧密型环绕：如果图片是矩形，则文字以矩形方式环绕在图片周围，如果图片是不规则图形，则文字将紧密环绕在图片四周。

（4）衬于文字下方：图片在下、文字在上分为两层，文字将覆盖图片。

（5）浮于文字上方：图片在上、文字在下分为两层，图片将覆盖文字。

（6）上下型环绕：文字环绕在图片上方和下方。

（7）穿越型环绕：文字可以穿越不规则图片的空白区域环绕图片。

三、图片旋转的设置

方法一：选择要设置的图片，图片周围会出现9个控点（8个大小控点，1个旋转控点，如图3-4-7所示），将鼠标移动到旋转控点上，会出现一个顺时针旋转箭头，这时按下鼠标左键拖动就可以旋转图片了。

图3-4-7　图片编辑控点　　　　　图3-4-8　旋转设置

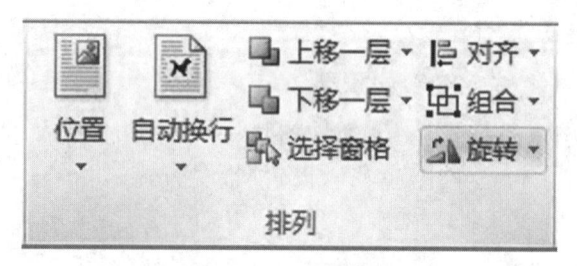

方法二：选择要设置的图片，单击"图片工具 格式"选项卡—"排列"组—"旋转"按钮进行旋转的设置，如图3-4-8所示。

四、图片大小和位置的设置

方法一：选择要设置的图片，将鼠标指针移到图片中的任意位置，指针变成四向十字箭头时，按下鼠标左键拖动，就可以移动图片。将鼠标移到控点时，鼠标指针会变成水平、垂直或斜对角的双向箭头，按箭头方向按下鼠标左键拖动指针，可以改变图片水平、垂直或对角方向的大小尺寸。

方法二：选择要设置的图片，打开"布局"对话框，在"位置"和"大小"选项卡中进行精确的设置。

方法三：选择要设置的图片，在"图片工具 格式"选项卡—"大小"组中进行高度和宽度的设置，如图3-4-9所示。

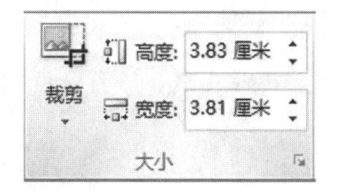

图3-4-9　图片高度、宽度设置

五、图片格式的设置

方法一：选择要设置的图片，在"图片工具 格式"选项卡—"图片样式"组中进行图片样式、图片边框、图片效果以及图片版式的设置，如图3-4-10。

图3-4-10　图片格式的设置

方法二：选择要设置的图片，启动"图片样式"组中的"设置图片格式"对话框（如图3-4-11所示），在对话框中对线条颜色、线型、图片颜色、艺术效果等进行设置。

图3-4-11　"设置图片格式"对话框

六、图片的裁剪

方法：选择要裁剪的图片，在"图片工具 格式"选项卡—"大小"组—"裁剪"的下拉按钮，在下拉选单中选择"裁剪"命令，则图片周围出现裁剪点，如图3-4-12所示，将鼠标移动到裁剪点上按下左键，拖动即可实现对图片的裁剪。

图3-4-12　裁剪点

> **小贴士**
>
> 如果想将图片裁剪成一定的形状,选择图片后,在"图片工具 格式"选项卡—"大小"组—"裁剪"的下拉按钮。在弹出的选单中选择"裁剪为形状"命令,并选择需要裁剪的形状,如图3-4-13所示。

七、图片的调整

图片的调整指对图片的背景、亮度、对比度、颜色等参数进行调整。

方法:选择要设置的图片,在"图片工具 格式"选项卡—"调整"组中进行背景、亮度、对比度、颜色等参数的设置。

八、图片的对齐和分布

文档中插入多张图片时,需要对多张图片的位置或图片的间距进行调整,这时就需要用对齐和分布功能来完成设置。

方法:选择要设置的所有图片,单击"图片工具 格式"选项卡—"排列"组—"对齐"的下拉按钮,在下拉选单中进行对齐或分布的设置,如图3-4-14所示。

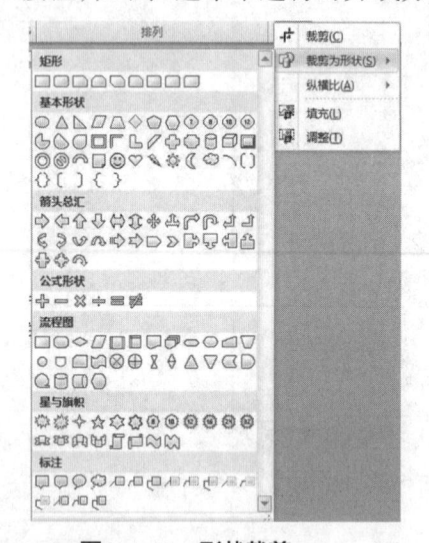

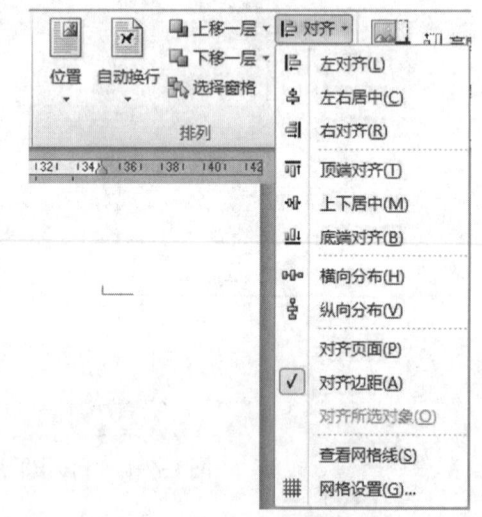

图3-4-13　形状裁剪　　　图3-4-14　对齐和分布设置

> **小贴士**
>
> 插入图片时如何才能同时选择多张图片呢?选择一张图片,然后按下Ctrl键的同时,用鼠标单击其他图片,就能同时选择多张图片了。

九、图片的叠放次序

当多张图片重叠放置时,有时需要改变图片的叠放关系。

方法:选择要改变叠放次序的图片,单击"图片工具 格式"选项卡—"排列"组—"上移一层"或"下移一层",可以改变图片的叠放关系。或者单击"上移一层"/"下移一层"的下拉按钮,在下拉选单中进行设置,如图3-4-15所示。

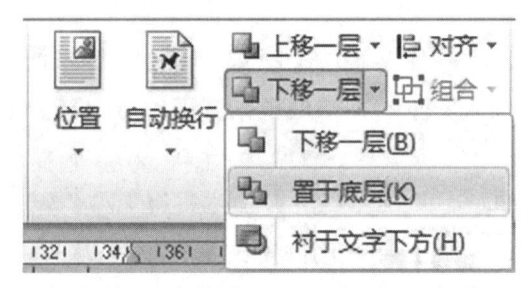

图3-4-15 "下移一层"下拉选单

十、图片的组合

文档中有时需要由几张图片合成一张图片,这时就要用到图片的组合功能。组合后的图片成为一个整体编辑对象,可整体移动和旋转。

方法:选择要组合的所有图片,单击"图片工具 格式"选项卡—"排列"组—"组合"的下拉按钮,在下拉选单中选择"组合",如图3-4-16所示。

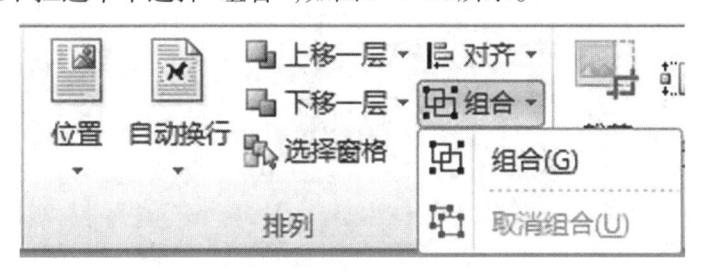

图3-4-16 组合图片

> **小贴士**
>
> 如何将已组合的一张图片变成独立的几张图片呢?选择图片,单击"图片工具 格式"选项卡—"排列"组—"组合"的下拉按钮,在下拉选单中单击"取消组合"命令就可以了。

十一、插入艺术字

方法：单击"插入"选项卡—"文本"组—"艺术字"的下拉按钮，在下拉选单中选择艺术字的样式，如图3-4-17所示。选择样式后，在弹出的文本编辑框里输入艺术字内容。对艺术字的格式设置与图片类似。

十二、插入文本框

在Word中，文本框是指一种可移动、可调大小的文字或图形容器。使用文本框，可以在文档中的任意位置插入文本。文本框根据文字的方向分为横排文本框和竖排文本框两种。

方法：单击"插入"选项卡—"文本"组—"文本框"的下拉按钮，在下拉选单中进行设置，如图3-4-18所示。既可以直接选用内置的文本框样式，也可以在下拉选单中选择"绘制文本框"，在文档编辑区空白处按下鼠标左键拖动生成空白文本框，并输入相应内容。文本框中的文字格式设置与前述的文字格式设置方法相同。

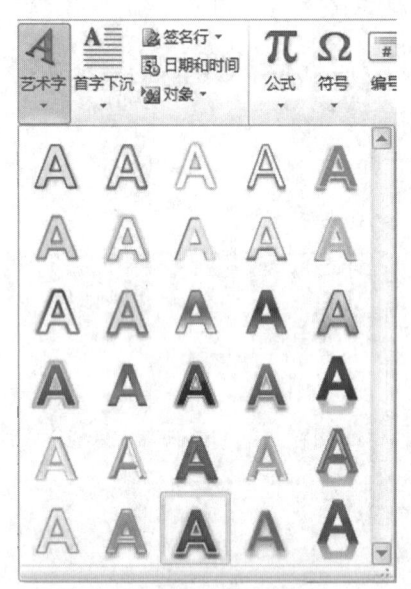

图3-4-17　艺术字的样式　　　　图3-4-18　插入文本框

> **小贴士**
>
> 如何设置文本框的内部边距与对齐方式呢？右击文本框，在展开的快捷选单中选择"设置形状格式"命令，如图3-4-19所示，弹出"设置形状格式"对话框，单击"文本框"选项，进行相应边距、对齐的设置即可，如图3-4-20所示。

图 3-4-19　选择"设置形状格式"命令

图 3-4-20　"设置形状格式"对话框

十三、插入和设置形状

在编辑文档时,很多时候需要绘制图形,Word 提供了各种自选图形,用户可以根据需要进行绘制。

方法:单击"插入"选项卡—"插图"组—"形状"的下拉按钮,在下拉选单中选择合适的形状,在文档编辑区中按下鼠标左键并拖动,即可绘制该图形。选择所需的形状,在"绘图工具 格式"选项卡中进行形状轮廓、形状填充等参数设置,如图3-4-21所示。

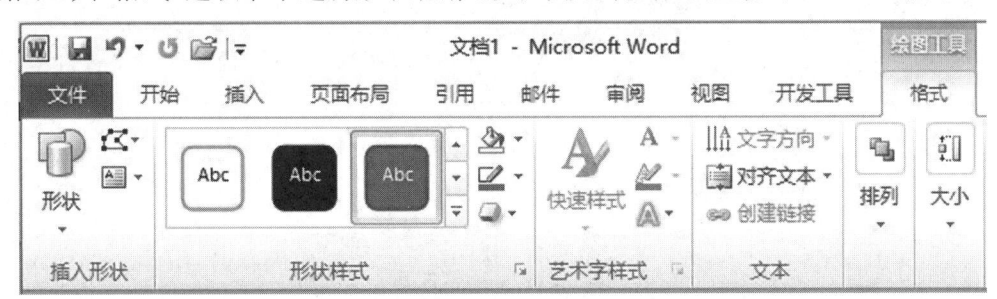

图3-4-21　"绘图工具 格式"选项卡

> **小贴士**
>
> 绘制形状时的一些小窍门：
> (1)复制已绘制好的形状时，除了使用"复制+粘贴"的方式，还可以按住Ctrl键的同时按下鼠标左键拖动需要复制的形状；
> (2)绘制形状时，按住Shift键的同时按下鼠标左键拖动绘制矩形，则可绘制出正方形，按住Shift键的同时按下鼠标左键拖动绘制圆形，则可绘制出正圆形；
> (3)绘制线条时，如果需要绘制出水平、垂直或呈45°及45°倍数角的线条，可以在绘制时按住Shift键。

任务实施

一、打开文档

先浏览Word素材中的"节能低碳（最终效果）"，然后打开"节能低碳"Word文档，开始进行文档的图文混排。

二、设置标题

1.标题分页

将插入点定位到"节能我行动，低碳新生活"之后，单击"插入"选项卡—"页"组—"分页"，如图3-4-22所示，将标题后的文字分配到下一页。

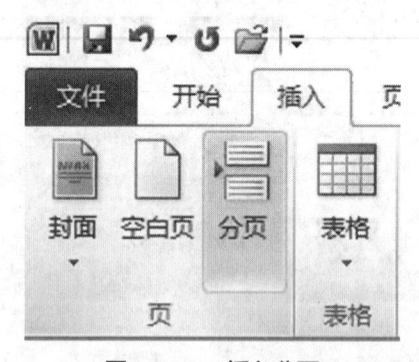

图3-4-22 插入分页

2.设置标题字体、字号及文字效果

将标题设置为字体"华文琥珀"、字号"初号",添加文字效果"渐变填充-蓝色,强调文字颜色1",轮廓"白色"。

3.调整标题位置

将标题的位置调整到如图3-4-23所示。

4.添加标题页图片背景

将插入点定位在标题页,单击"插入"选项卡—"图片"命令,选择"素材文件夹"中的"节能低碳图片1"插入。

调整图片大小,启动"图片工具 格式"选项卡—"大小"组—"布局"对话框,设置图片高度和宽度,注意要取消"锁定纵横比"的勾选,如图3-4-24所示。

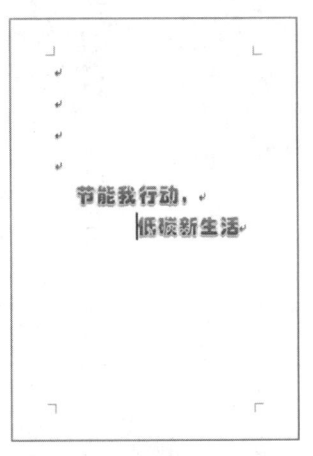

图3-4-23 调整标题位置

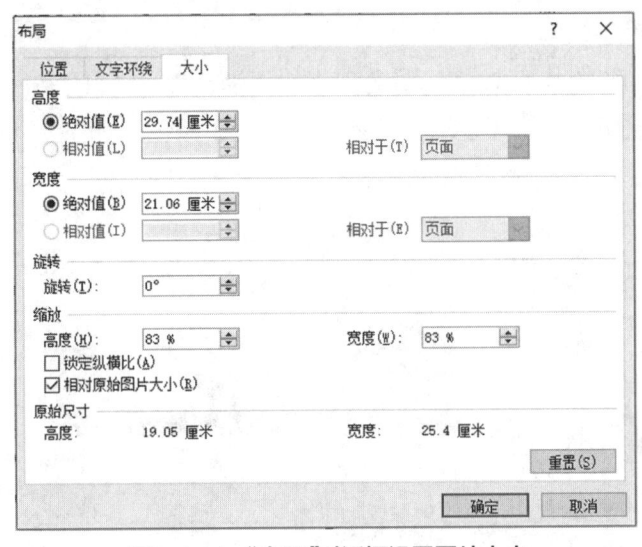

图3-4-24 "布局"对话框设置图片大小

5.设置标题页图片环绕方式

在标题页选择图片,单击"图片工具 格式"选项卡—"排列"组—"自动换行"的下拉按钮,在下拉选单中选择"衬于文字下方",如图3-4-25所示。调整图片位置,使图片刚好铺满一页,效果如图3-4-26所示。

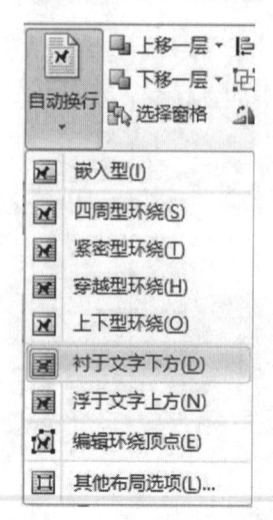

图3-4-25 "衬于文字下方"设置　　图3-4-26 调整图片满铺

6.设置标题页图片格式

选择图片,单击"图片工具 格式"选项卡—"调整"组—"颜色"的下拉按钮,在下拉选单中选择"重新着色"中的"橄榄色,强调文字颜色3 深色",如图3-4-27所示;单击"图片工具 格式"选项卡—"调整"组—"艺术效果"的下拉按钮,在下拉选单中选择"蜡笔平滑"选项,如图3-4-28所示。

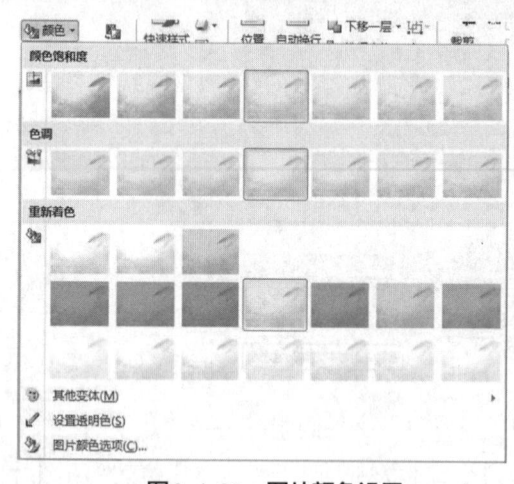

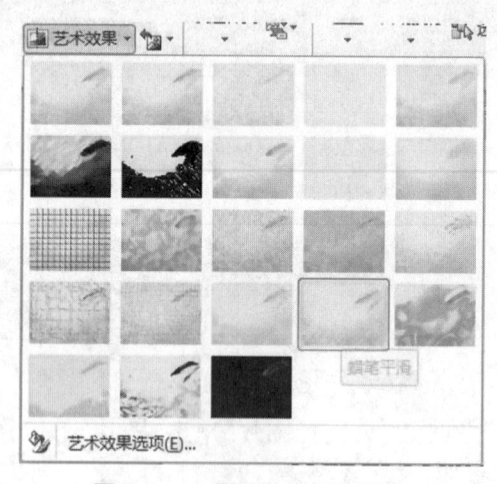

图3-4-27 图片颜色设置　　图3-4-28 图片艺术效果设置

三、设置文档正文

1.在文档中插入图片并设置格式

将插入点定位到文档的第二页第一行,插入素材中的"节能低碳图片2"图片,并按以下要求进行设置:文字环绕为"上下型环绕",图片大小为"高2.12,宽14.55"。调整位置,使其在水平方向处于页面居中位置,如图3-4-29所示。

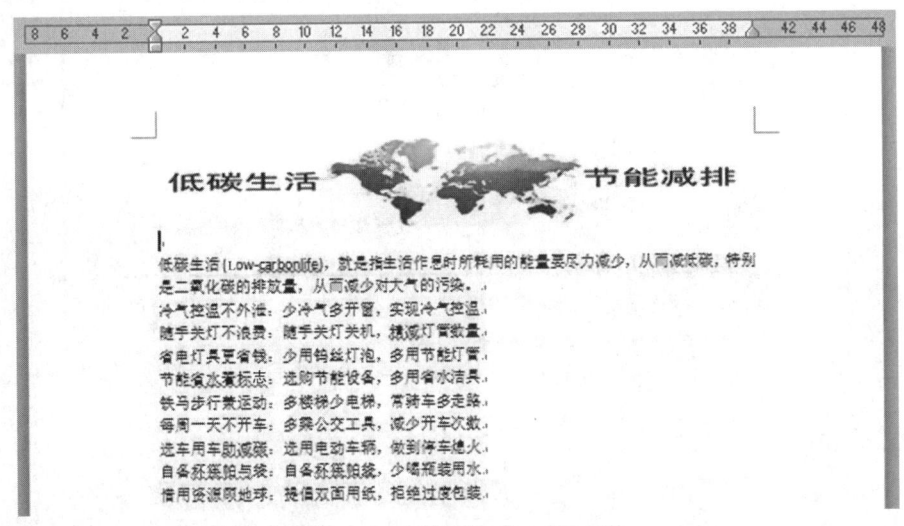

图3-4-29　插入图片并调整位置

2.设置正文第一段文字格式

将文档第一段的字体设置为"黑体",字号设置为"小三"。

3.插入艺术字

插入艺术字"什么是低碳?"并进行格式设置。

将插入点定位到第二页图片下方,单击"插入"选项卡—"文本"组—"艺术字"的下拉按钮,选择"填充-红色,强调文字颜色2,暖色粗糙棱台"样式。在文本编辑框中输入"什么是低碳?",并设置字体为"黑体",字号设置为"小初",文字环绕为"四周型"。

选中艺术字的情况下,单击"绘图工具 格式"选项卡—"艺术

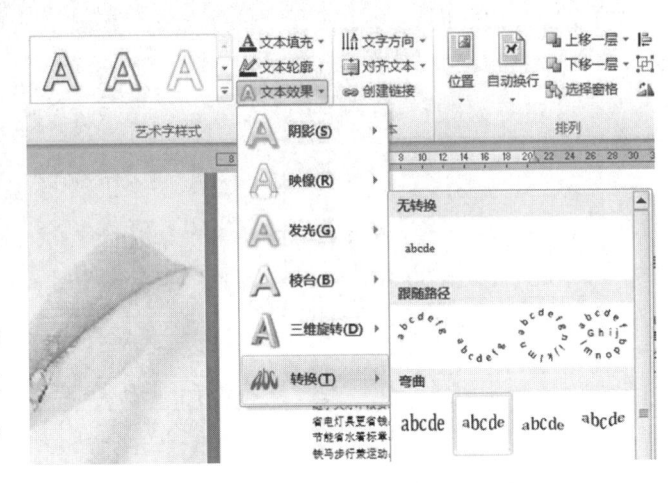

图3-4-30　改变艺术字形状

字样式"组—"文本效果"的下拉按钮,在下拉选单中选择"转换"—"停止"选项改变艺术字的形状,如图3-4-30所示。调整艺术字的位置,如图3-4-31所示。

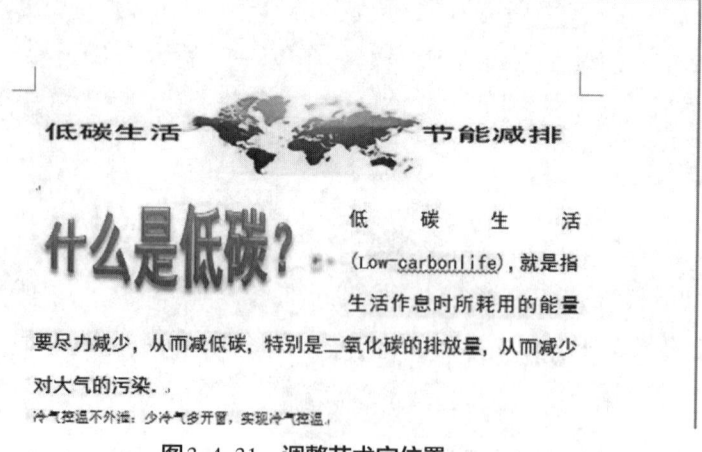

图3-4-31 调整艺术字位置

4.添加项目编号

选择第一段下方的所有文字,设置为"楷体""四号",添加项目符号"❖"。

5.添加竖排文本框

将插入点定位在文档中,单击"插入"选项卡—"文本"组—"文本框"的下拉按钮,选择"绘制竖排文本框"。

用鼠标在文档中如图3-4-32所示位置,拖出一个长方形框,然后在框内输入文字"为了地球,我们倡导",并设置字体字号为"仿宋""二号"。

图3-4-32 添加竖排文本框

6.设置文本框环绕格式及填充格式

选择文本框,设置文字环绕方式为"四周型",高度为8.89厘米,宽度为1.85厘米。

单击"绘图工具 格式"选项卡—"形状样式"组—"形状填充"的下拉按钮,选择"渐变"—"其他渐变",如图3-4-33所示。在弹出的"设置形状格式"对话框中,选择"渐变填充"—"预设颜色"—"茵茵绿原"效果,如图3-4-34所示。

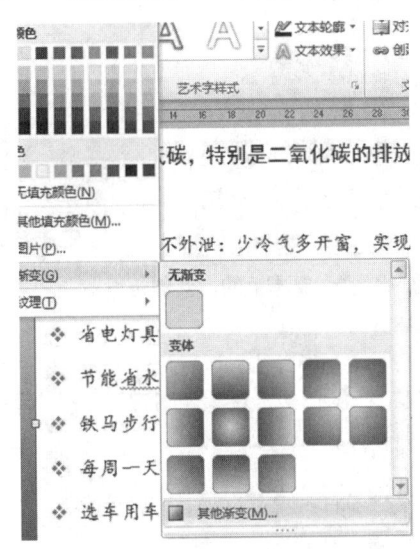

图3-4-33　打开"渐变"下拉选单 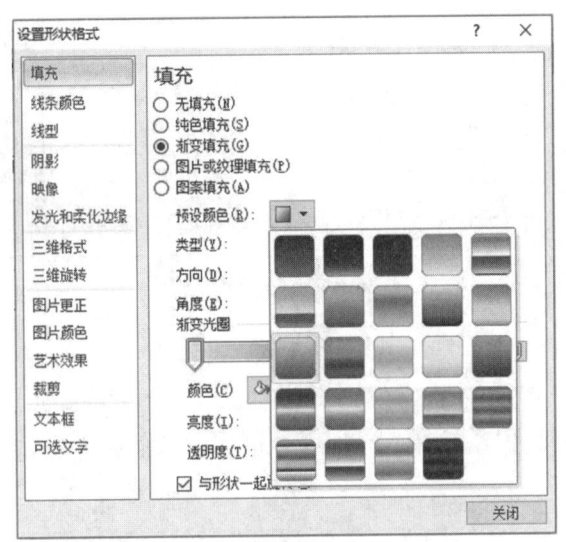　　　图3-4-34　"设置形状格式"对话框

7.设置文本框的轮廓及内部边距

选择文本框,单击"绘图工具 格式"选项卡—"形状样式"组—"形状轮廓"的下拉按钮,在下拉选单中选择"橄榄色,强调文字颜色3,深色60%";在"粗细"选项中选择"其他线条",如图3-4-35所示,在弹出的"设置形状格式"对话框中,设置线型的宽度和类型如图3-4-36所示,设置文本框的内部边距如图3-4-37所示。

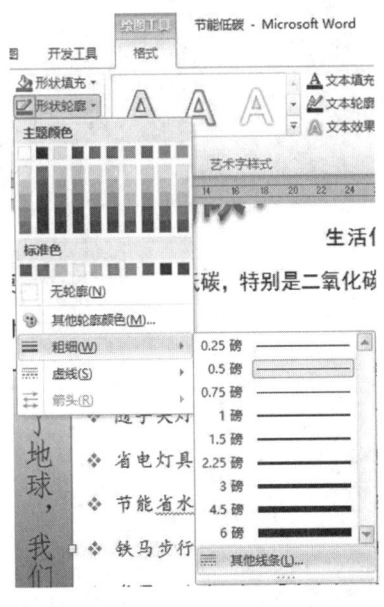

图3-4-35　设置文本框线条颜色和粗细

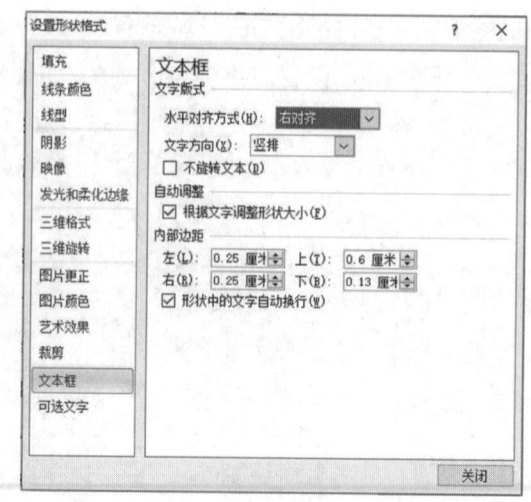

图3-4-36 文本框线型设置　　　　　图3-4-37 文本框的内部边距设置

8.插入形状、设置形状并添加文字

将插入点定位到文档中,单击"插入"选项卡—"插图"组—"形状"的下拉按钮,选择"星与旗帜"类别中的"横卷形",按下鼠标左键拖动绘制出形状。

文本框文字环绕方式为"浮于文字上方",高4.23厘米,宽8.68厘米,形状轮廓颜色为"橙色,强调文字颜色6,淡色60%",调整到合适的位置,填充为"纹理"—"鱼类化石"。

选择横卷形文本框右击,在快捷选单中选择"编辑文字"命令,输入文字"低碳,让生活更美好!今天,你低碳了吗?",设置文字为"华文彩云""二号""黑色",效果如图3-4-38所示。

图3-4-38 形状文本框效果图

项目三　Word文字处理

9.绘制形状并设置格式

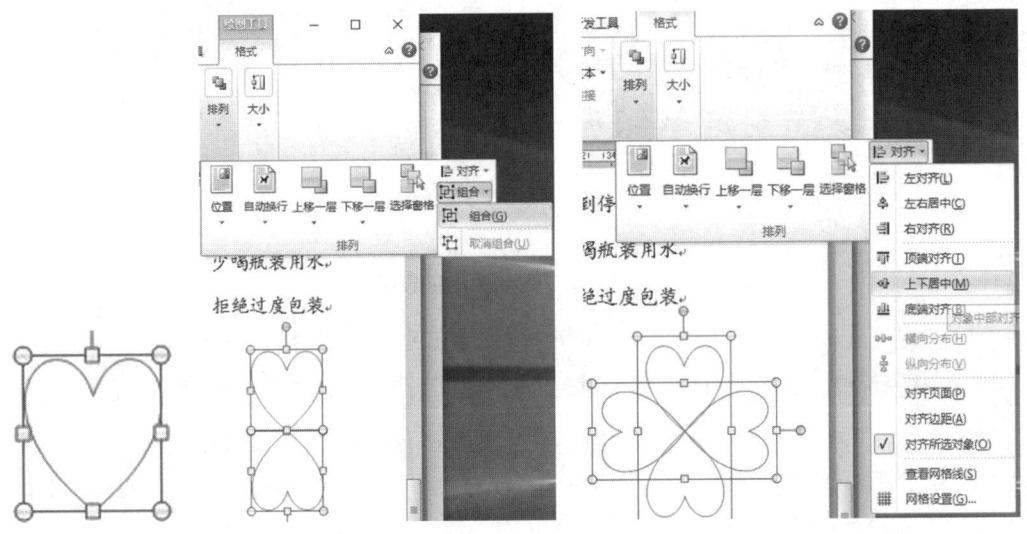

图3-4-39　对齐形状

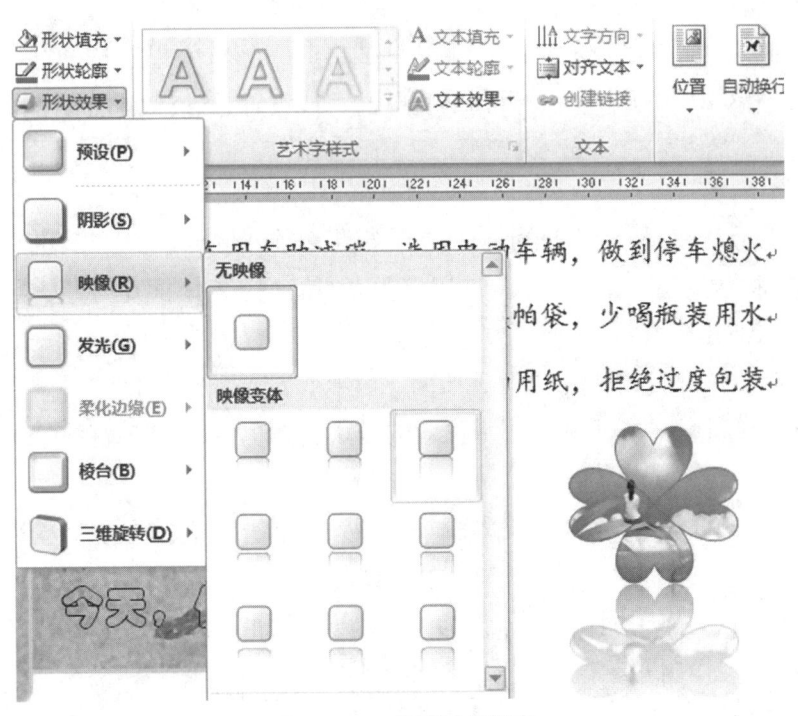

图3-4-40　设置形状效果

119

计算机实用技能

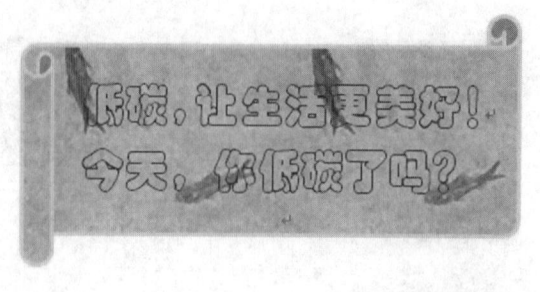

图3-4-41　形状最终效果图

单击"插入"选项卡—"插图"组—"形状"的下拉按钮,选择"基本形状"—"心形",按下鼠标左键拖动绘制出一个大小形状合适的心形,然后对形状的填充及轮廓进行设置。复制一个相同的心形,进行垂直翻转、对齐,然后将两个形状进行组合,如图3-4-39所示;将组合后的形状进行复制,然后旋转、对齐(同时选中两个形状,左右居中,上下居中)、组合操作,如图3-4-39所示。

选择组合好的形状,调整它的大小、位置,为形状填充素材中的"节能低碳图片3"图片。

单击"绘图工具 格式"选项卡—"形状样式"组—"形状效果",选择"映像"—"全映像,接触",如图3-4-40所示。去掉形状轮廓线,完成设置,最终效果如图3-4-41所示。

任务拓展

任务1:打开Word素材中的"演讲奇文"文档,按照Word素材中"演讲奇文(最终效果)"进行排版(文字颜色、大小、字体以美观为原则,排满一页)。将文档另存在"D:\My Documents\WORD"中。

任务2:打开Word素材中的"面试指南"文档,按照Word素材中"面试指南(最终效果)"进行排版(利用文本框解决文字位置的自由排版)。将文档另存在"D:\My Documents\WORD"中。

任务3:打开Word素材中的"我的海马网站"文档,并对它按以下要求进行设置,最终效果请参照Word素材中"我的海马网站(最终效果)"。

1.将标题"我的海马网站"字体设为"华文行楷""粗体",字号为"60";艺术字样式"渐变填充-蓝色,强调文字颜色1",艺术字形状为"波形2",文字环绕为"上下型环绕",阴影为"左上对角透视"。

2.将文档第1段设置为:"楷体""小四号""粗体""红色-强调文字颜色2,淡色40%"。

3.将第1段首字设置下沉3行。

4.将第2~4段分两栏,间距为4个字符。

5.将第2、3段的文字设置为"隶书""五号""绿色"。

6.给第4段落加上底纹和边框。底纹填充图案样式为"12.5%",图案颜色为"蓝色";边框线型为波浪形双线,颜色为"橙色",应用于"段落"。

7.在"我的海马网站(最终效果)"素材所示位置插入一张剪贴画"地标",高4厘米,宽3厘米,文字环绕为"四周型"。

8.插入素材中的"海马"图片,颜色设置为"重新着色"——"茶色,背景颜色2 浅色",艺术效果为"图样",高3厘米,宽3厘米,"衬于文字下方"。

9.绘制"云形标注"形状,将形状设置填充为"浅蓝"和"白色"双色过渡;在形状内添加"终于把你等来了!!!"文字,并设置"华文新魏""五号""红色"。

10.将最后一段设置成一竖排文本框,并进行填充和轮廓的设置。轮廓线选择"1.5磅""橙色",图案填充为"纹理"——"花束"。

11.将文档另存在"D:\ My Documents\WORD"中。

任务评价

评价内容	评价标准	分值	学生自评	老师评估
图片的插入与设置	能正确插入图片并按要求进行各种设置	20		
文本框的插入与设置	能正确插入文本框并按要求进行各种设置	20		
艺术字的插入与设置	能正确插入艺术字并按要求进行各种设置	20		
形状的插入与设置	能正确插入形状并按要求进行各种设置	20		
图文混排效果的设置	能进行图文混排,使图片与文字的关系合理协调	10		
情感评价	具备分析问题、解决问题的能力	10		
学习体会				

任务五 表格制作

任务目标

通过对文档"学生德育分值表"的编辑,掌握利用 Word 2010 绘制及修饰美化表格的相关操作,以及 Word 表格中数据的计算方法。

任务分析

对本次任务做如下分解:

表格的编辑、修改与调整 → 表格的修饰 → 表格中数据的计算

知识储备

在办公应用中,许多文档需要使用表格的形式进行呈现,以使文档中各项内容的主题更加清晰明确,下面为大家介绍 Word 中表格的相关操作。

一、绘制表格

方法一:定位插入点,单击"插入"选项卡—"表格"组—"表格"的下拉按钮,选择表格的行数和列数,单击鼠标左键确定,如图 3-5-1 所示。

方法二:定位插入点,单击"插入"选项卡—"表格"组—"表格"的下拉按钮,选择"插入表格"命令,如图 3-5-2 所示。在弹出的"插入表格"对话框(如图 3-5-3 所示)中输入表格的行数和列数,单击"确定"按钮。

方法三:定位插入点,单击"插入"选项卡—"表格"组—"表格"的下拉按钮,选择"绘制表格"命令。当鼠标的形状变成一支笔时,按下鼠标左键拖动即可绘制表格。

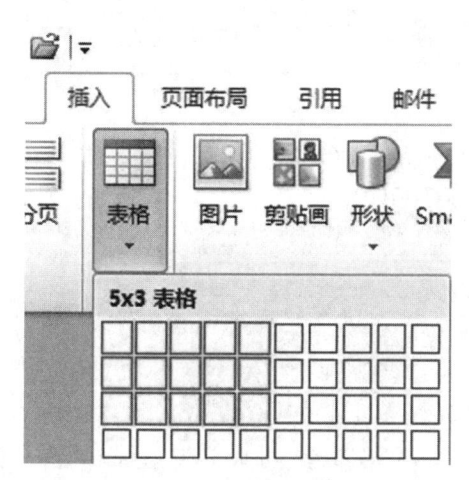

图3-5-1　选择表格行数和列数 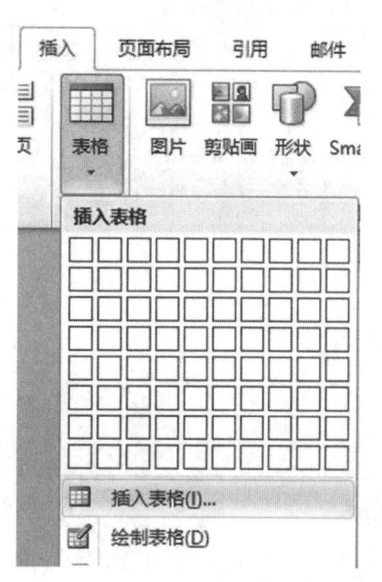　　　　图3-5-2　通过"插入表格"命令绘制表格

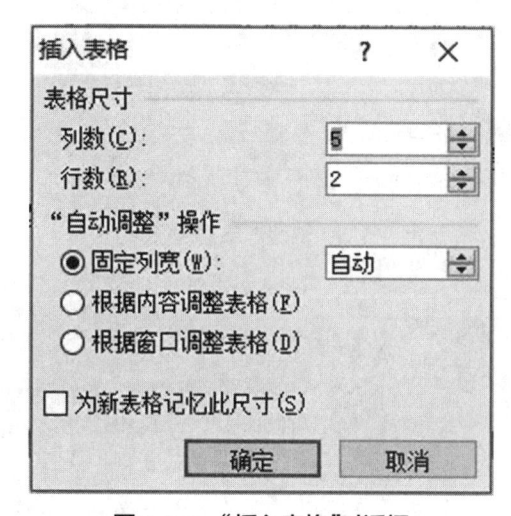

图3-5-3　"插入表格"对话框

二、插入行(列)或单元格

在表格编辑过程中,有时需要向表格中插入行和列。

方法一:将插入点定位到需要插入的行(列)的相邻的行(列),单击"表格工具 布局"选项卡—"行和列"组—"在上方插入"/"在下方插入"/"在左侧插入"/"在右侧插入"按钮,如图3-5-4所示,即可在相应位置插入一个空白行(列)。

计算机实用技能

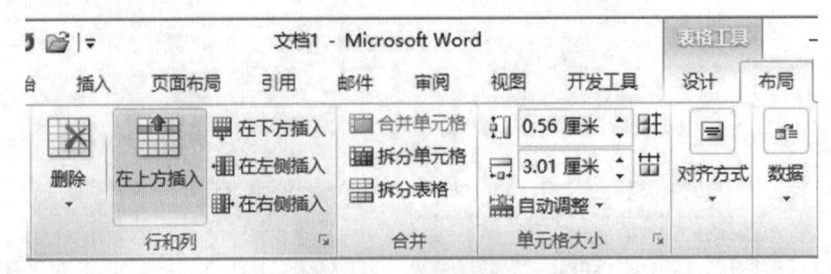

图3-5-4 插入行(列)

小贴士

如果一次插入多行(列),可以先选择多行(列),再单击"表格工具 布局"选项卡—"行和列"组—"在上方插入"/"在下方插入"/"在左侧插入"/"在右侧插入"按钮,即可在相应位置插入多个空白行(列)。

方法二:将插入点定位到需要插入行(列)的相邻行(列),单击鼠标右键,在弹出的快捷选单中,选择"插入"命令下的相应选项即可,如图3-5-5所示。

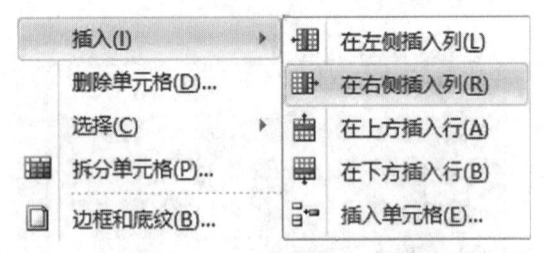

图3-5-5 快捷选单插入行(列)

小贴士

如何选择表格中的对象呢?

(1)选择单元格:鼠标定位于单元格左侧,当鼠标形状变为从左下至右上的实心箭头时,单击选择一个单元格,双击选择此单元格所在的行,按下鼠标左键拖动可选择多个连续单元格。若想选择多个不连续的单元格,按Ctrl键辅助。

(2)选择行:鼠标定位于某行最左侧,当鼠标形状变为从左下至右上的实心箭头时,单击选择一行,按下鼠标左键拖动可选择连续多行。若想选择不连续的多行,按Ctrl键辅助。

(3)选择列:鼠标定位于第一行某单元格上方,当鼠标形状变为向下的实心箭头时,单击选择一列,按下鼠标左键拖动可选择连续多列。若想选择不连续的多列,按Ctrl键辅助。

(4)选择整个表格:使用表格左上角的选定按钮进行选择。

三、删除行(列)或单元格

方法一:将插入点定位到表格中需要删除行(列)或单元格的位置,再单击"表格工具 布局"选项卡—"行和列"组—"删除"的下拉按钮,选择相应的命令,即可删除行(列)、单元格或整个表格,如图3-5-6所示。

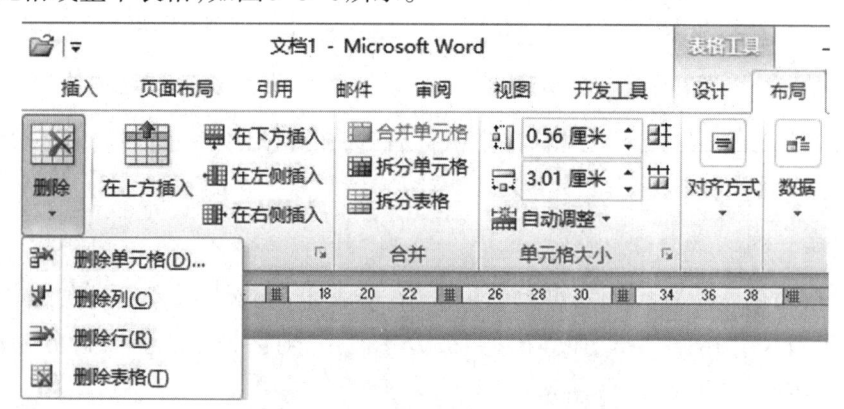

图3-5-6 删掉行(列)或单元格命令

方法二:将插入点定位到表格中需要删除行(列)或单元格的位置,单击鼠标右键,在弹出的快捷选单中选择"删除单元格"命令,如图3-5-7所示。在弹出的"删除单元格"对话框中进行选择即可删除表格中的对象,如图3-5-8所示。

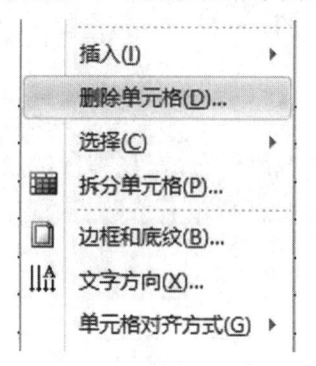

图3-5-7 快捷选单删除单元格　　图3-5-8 "删除单元格"对话框

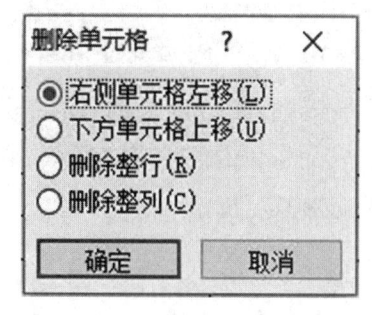

四、合并和拆分单元格

在编辑文档时,经常需要用到非规则表格,这时就要使用合并单元格、拆分单元格的功能了。

1.合并单元格

方法一:选择要合并的单元格,单击"表格工具 布局"选项卡—"合并"组—"合并单元格"命令即可,如图3-5-9所示。

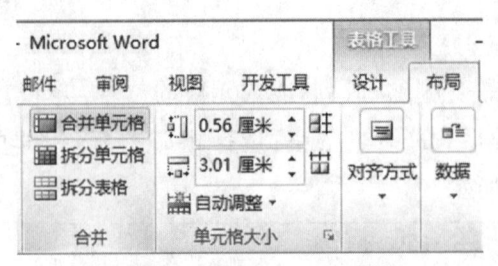

图3-5-9　合并单元格 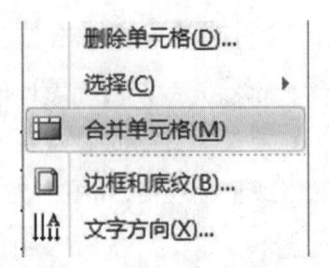　　　　图3-5-10　快捷选单合并单元格

方法二：选择要合并的单元格，单击鼠标右键，在弹出的快捷选单中选择"合并单元格"命令，如图3-5-10所示。

2.拆分单元格

方法一：将插入点定位到要拆分的单元格，单击单击"表格工具 布局"选项卡—"合并"组—"拆分单元格"命令。在弹出的"拆分单元格"对话框中设置要拆分的行、列数，单击"确定"按钮，如图3-5-11所示。

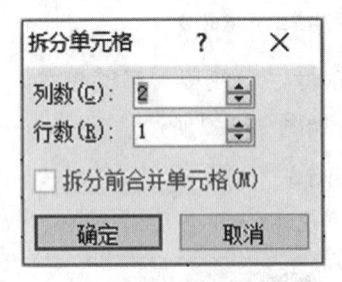

图3-5-11　"拆分单元格"对话框 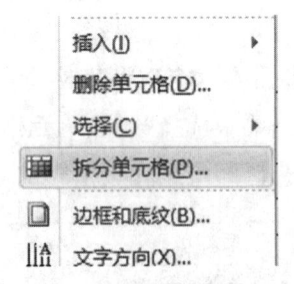　　　　图3-5-12　快捷选单拆分单元格

方法二：将插入点定位到要拆分的单元格，单击鼠标右键，在弹出的快捷选单中选择"拆分单元格"命令，如图3-5-12所示。在弹出的"拆分单元格"对话框中设置要拆分的行、列数，单击"确定"按钮。

小贴士

如何拆分表格呢？将插入点定位于拆分起始位置，单击"表格工具 布局"选项卡—"合并"组—"拆分表格"按钮。

五、调整行高和列宽

在编辑表格时，为了适应不同的表格内容，用户可以随时调整行高和列宽。

方法一：将鼠标移动到行与行或列与列之间的分隔线，当鼠标形状变为双向箭头时，按下鼠标左键拖动调整行高和列宽。

方法二:将插入点定位到调整行列的任一单元格,单击"表格工具 布局"选项卡—"单元格大小"组—"高度"或"宽度"的增减按钮。

方法三:将插入点定位到调整行列的任一单元格,启动"表格工具 布局"选项卡—"单元格大小"组的下拉按钮。在弹出的"表格属性"对话框的"行""列""单元格"选项中进行设置,如图3-5-13所示。

图3-5-13 "表格属性"对话框

六、设置表格的边框和底纹

方法一:选择要设置的区域,单击"表格工具 设计"选项卡—"表格样式"组—"边框"的下拉按钮,在下拉选单中选择各种命令设置,如图3-5-14所示。

方法二:选择要设置的区域,单击"表格工具 设计"选项卡—"表格样式"组—"边框"的下拉按钮,在下拉选单中选择"边框和底纹",在弹出的"边框和底纹"对话框中进行设置,如图3-5-15所示。

图3-5-14 下拉选单设置边框

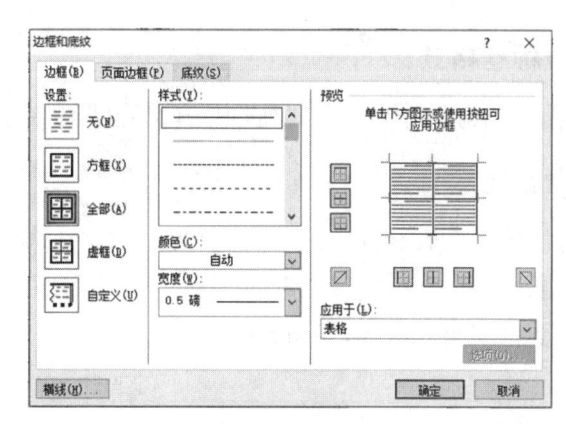

图3-5-15 "边框和底纹"对话框设置边框和底纹

任务实施

一、新建文档

新建一个空白的Word文档,输入标题"学生德育分值表"。

二、插入表格

插入一个8行6列的表格。

方法:将插入点定位到标题下一行的位置,单击"插入"选项卡—"表格"组—"表格"的下拉按钮,在下拉选单中移动鼠标选择"6×8"。

学生德育分值表

图3-5-16　学生德育分值表

三、设置表标题格式

将标题设置为"黑体""小二""居中",段后间隔0.5行,效果如图3-5-16所示。

四、设置表格格式

(1)将表格最后一行合并。
(2)将表格最后一行拆分成3列一行。
(3)在表格中录入内容,如图3-5-17所示。

学生德育分值表

姓　名	一学期	二学期	三学期	四学期	总分
王晓					
张宁					
李军					
李小华					
孙书					
向中兴					
全班平均分					

图3-5-17　在表格中录入内容

(4)设置表格文字(除表头)的格式为"仿宋体""四号",表头文字格式为"华文细黑""三号"。

(5)设置表格内容的对齐方式。

方法:选择表格的前7行,单击"表格工具 布局"选项卡—"对齐方式"组—"水平居中"命令,如图3-5-18所示。

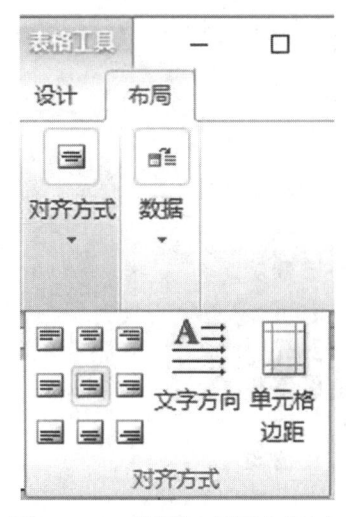

图3-5-18　选择"水平居中"对齐　　　　图3-5-19　设置表格行高

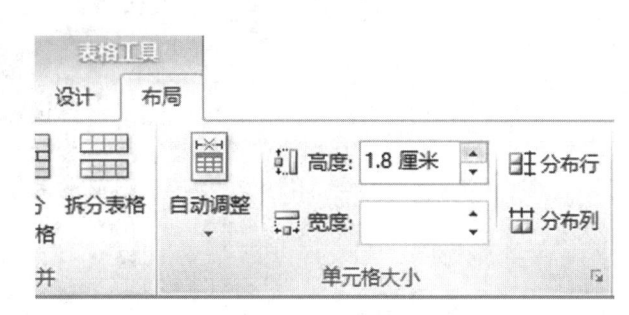

(6)调整表格行高。

方法:选中所有单元格,单击"表格工具 布局"选项卡—"单元格大小"组—行高增减按钮,将行高调整到1.8厘米,如图3-5-19所示。

学生德育分值表

姓　名	一学期	二学期	三学期	四学期	总分
王　晓					
张　宁					
李　军					
李小华					
孙　书					
向中兴					
全班平均分					

图3-5-20　设置表格列宽

(7)调整表格的列宽。

方法：选择"全班平均分"这个单元格，单击"表格工具 布局"选项卡—"单元格大小"组—列宽增减按钮，将列宽调整到12.53厘米，效果如图3-5-20所示。

(8)设置表格的填充。

方法：选择表格第一行，单击"表格工具 设计"选项卡—"表格样式"组—"底纹"的下拉按钮，在下拉选单中选择相应的颜色，如图3-5-21所示。

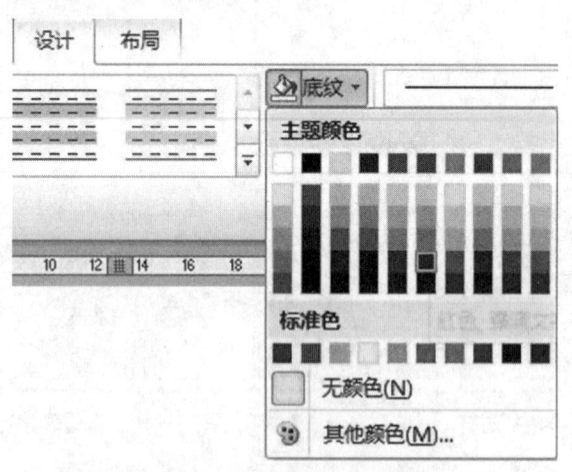

图3-5-21　设置表格底纹颜色

(9)设置表格的边框。

方法：选择整个表格，单击"表格工具 设计"选项卡—"表格样式"组—"边框"的下拉按钮，在下拉选单中选择"边框和底纹"命令，在弹出的"边框和底纹"对话框中设置线型、颜色(蓝色)、宽度(1.5磅),如图3-5-22所示。表格效果如图3-5-23所示。

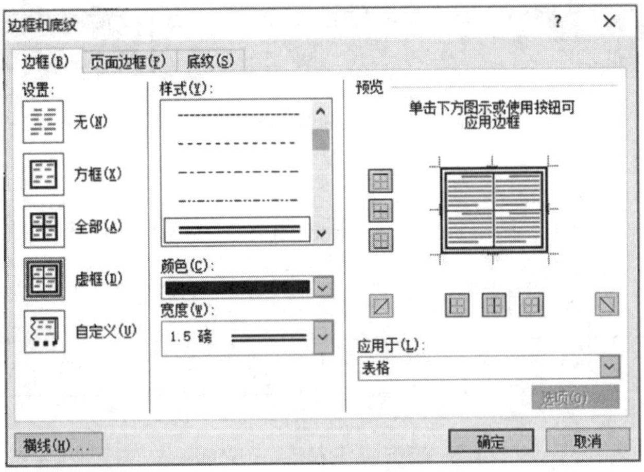

图3-5-22　设置表格边框格式

学生德育分值表

姓　名	一学期	二学期	三学期	四学期	总分
王　晓					
张　宁					
李　军					
李小华					
孙　书					
向中兴					
全班平均分					

图3-5-23　表格效果图

五、表格计算

(1)输入各学期分值,计算每位学生的总分。

方法:输入每位同学各学期对应分值,如图3-5-24所示。后将插入点定位到第一位同学的总分单元格,单击"表格工具 布局"选项卡—"数据"组—"fx公式"命令,在弹出的"公式"对话框中设置函数等参数,如图3-5-25所示。依次算出每位同学的总分,如图3-5-26所示。

学生德育分值表

姓　名	一学期	二学期	三学期	四学期	总分
王　晓	96	74	89	78	
张　宁	78	76	65	56	
李　军	64	74	89	85	
李小华	100	98	97	92	
孙　书	88	79	74	63	
向中兴	69	85	60	60	
全班平均分					

图3-5-24　输入分值内容

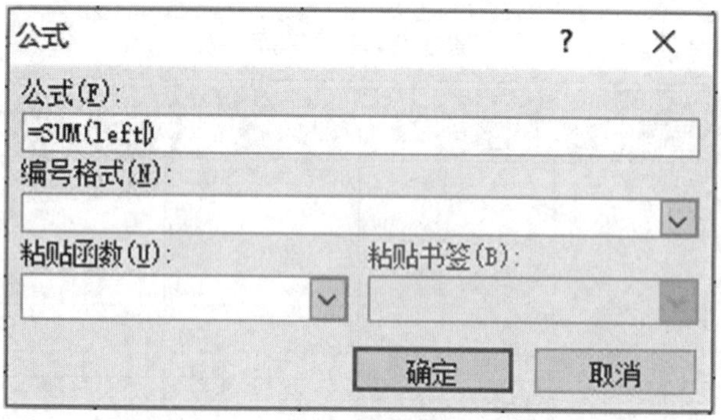

图3-5-25　"公式"对话框输入和函数求和

学生德育分值表

姓　名	一学期	二学期	三学期	四学期	总分
王　晓	96	74	89	78	337
张　宁	78	76	65	56	275
李　军	64	74	89	85	312
李小华	100	98	97	92	387
孙　书	88	79	74	63	304
向中兴	69	85	60	60	274
全班平均分					

图3-5-26　计算每位同学每学期总分

(2)计算全班平均分。

方法:将插入点定位到放置全班平均分的单元格,单击"表格工具 布局"选项卡—"数据"组—"f_x公式"命令,在弹出的"公式"对话框中设置函数等参数,如图3-5-27所示。

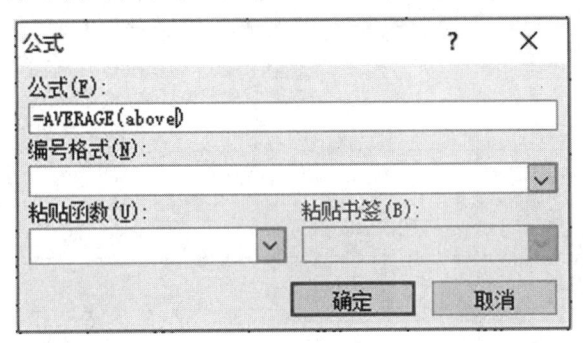

图3-5-27 "公式"对话框输入平均值函数

任务拓展

任务1:新建一个空白Word文档,制作"请假条",如图3-5-28,并按以下要求进行设置。

1.标题文字"学生请假审批表",格式为"黑体""小二号""居中"。

2.设置表内文字格式:宋体、小四、水平居中。

学生请假审批表

姓　　名		班次			
请假事由					
请假时间	离校(开始)时间：　　年　　月　　日 返校(终止)时间：　　年　　月　　日				
班主任意见		签名		月	日
学校意见		签名		月	日

图3-5-28 "学生请假审批表"样表

任务2:新建一个空白Word文档,制作一张公司季度销售统计表,如图3-5-29的表格,并按以下要求进行设置。

1.标题文字"国际贸易公司季度平板电视机销售统计表",格式为"黑体""三号""居中"。

2.设置表内文字"宋体""小四""水平居中"。

3.第2~5列平均分布各列。

4.绘制斜线表头。

133

5.绘制如图3-5-29所示边框,边框宽度"3磅"。

6.计算各个品牌电视机的年销售量,即"年合计"。

7.将文档另存在"D:\ My Documents\WORD"中。

国际贸易公司季度平板电视机销售统计表

种类\季度	第一季	第二季	第三季	第四季	年合计	季平均
海洋45英寸	32	19	21	38		
康丽36英寸	15	8	23	20		
乐花37英寸	26	16	35	39		
松源47英寸	37	29	28	42		
季平均						
季合计						

图3-5-29 公司季度销售统计样表

任务评价

评价内容	评价标准	分值	学生自评	老师评估
表格的绘制	能熟练绘制规则或不规则的表格	20		
表格的格式设置	能熟练设置表格的边框、底纹、对齐方式	25		
表格的调整	能熟练调整表格的行高、列宽,能熟练进行表格行、列的添加、删除操作	25		
表内数据的计算	能用公式解决表内数据的求和问题	20		
情感评价	是否具备分析问题、解决问题的能力	10		
学习体会				

任务六 打印文稿

任务目标

通过完成文档"办公行为规范"的页面及打印参数的设置,掌握Word 2010打印文档时所需的相关操作。

任务分析

对本次任务做如下分解:

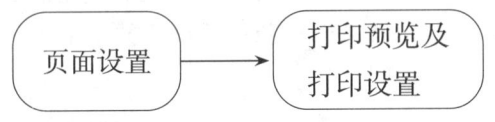

页面设置 → 打印预览及打印设置

知识储备

一、页面设置

页面设置是正式文档生成过程中一个重要的环节,它涉及纸张、页边距等多个方面的操作。

方法一:单击"页面布局"选项卡,在选项卡对页边距、纸张大小和纸张方向进行设置,如图3-6-1所示。

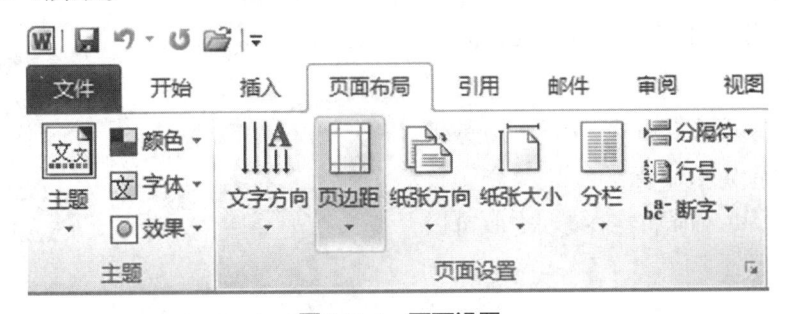

图3-6-1 页面设置

方法二：启动"页面布局"中的"页面设置"对话框，在对话框中对页边距、纸张大小和方向进行设置，如图3-6-2所示。

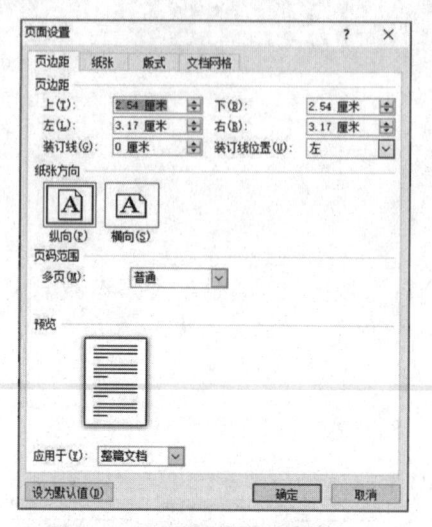

图3-6-2　进行"页面设置"

> **小贴士**
>
> 页边距是指纸张内容与纸张边缘之间的空白距离，通常调整页边距是为了使页面更加美观，同时，也可通过调整页边距使页面能够容纳更多的内容。

二、打印预览

用户可以通过使用打印预览功能查看文档打印出的效果，及时调整页边距等设置。

方法：单击"文件"选项卡—"打印"命令，如图3-6-3所示，在打开的"打印"窗口右侧预览区域可以查看文档打印预览效果，通过调整预览区下面的滑块改变预览视图的大小。若各项都符合要求，便可以打印文档。

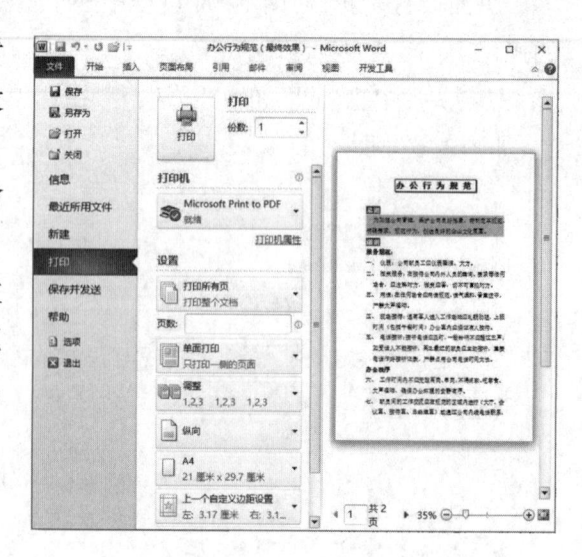

图3-6-3　打印效果预览

三、打印参数的设置

方法:单击"文件"选项卡—"打印"命令,如图3-6-3所示,在打印窗口的中部,可以设置打印份数、单/双页打印、打印范围等参数。

任务实施

一、打开文档

打开保存在"D:\ My Documents\WORD"中的"办公行为规范"文档。

二、设置纸张大小

方法:单击"页面布局"选项卡—"页面设置"组—"纸张大小"的下拉按钮,在下拉选单中选择"A4"。

三、设置页边距及纸张方向

方法:单击"页面布局"选项卡—"页面设置"组—"页边距"的下拉按钮,在下拉选单中单击"自定义边距"命令。在打开的"页面设置"对话框的"页边距"选项卡中,设置上、下、左、右四个方向的页边距值,如图3-6-4所示,单击"确定"完成设置,查看效果。

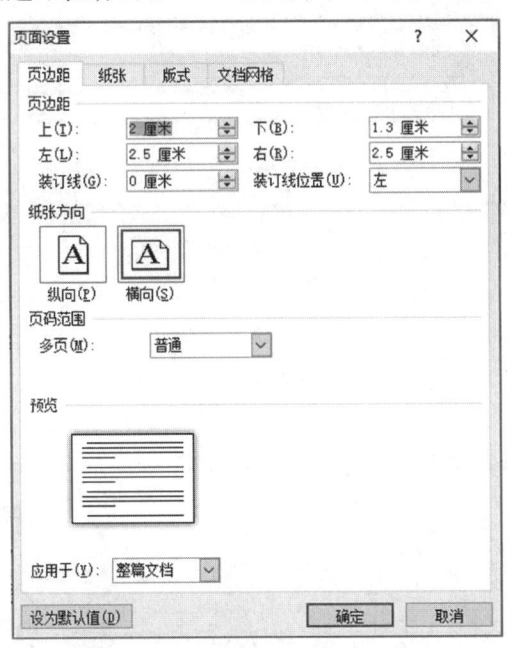

图3-6-4　页边距和纸张方向设置

四、预览打印效果

文档预览效果如图3-6-5所示。

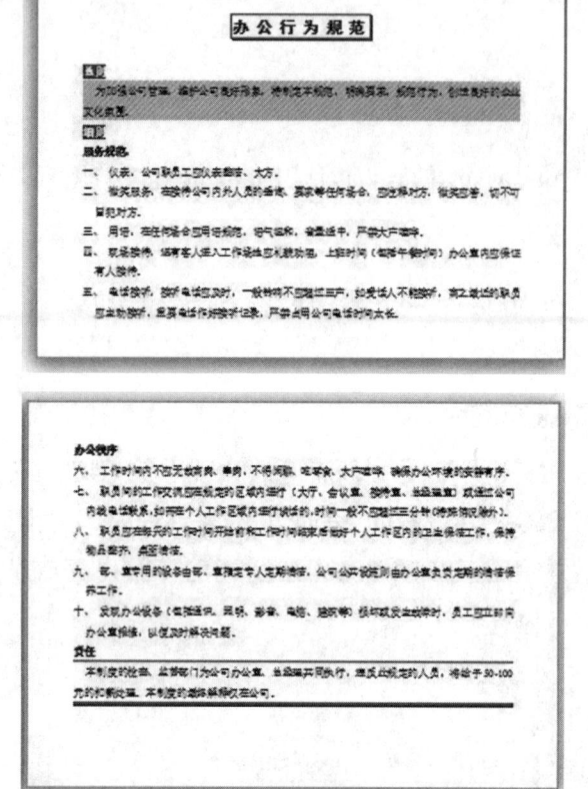

图3-6-5　文档效果预览

五、设置打印参数

按前述方法设置相关打印参数,完成打印。

小贴士

默认情况下,Word是不会打印页面背景的,如果需要将背景打印出来,那么怎么办呢?单击"文件"选项卡—"选项"命令,在打开的"Word选项"对话框中"显示"选项—"打印选项"栏中勾选"打印背景和图像"选项,如图3-6-6所示,单击"确定"完成设置。

图3-6-6　在"Word选项"对话框设置背景和图像打印

任务拓展

1.打开素材"演讲奇文"文档。

2.设置纸张大小和方向为：A4，纵向。

3.设置页边距为：上下各3.5厘米，左右各2.5厘米。

4.打印预览，查看效果。

任务评价

评价内容	评价标准	分值	学生自评	老师评估
纸张的设置	能对纸张大小和方向进行合理的设置	20		
页边距的设置	能熟练设置页边距使文档分布合理	25		
打印预览	会使用打印预览功能	20		
打印参数的设置	能按要求正确设置打印参数	25		
情感评价	具备分析问题、解决问题的能力	10		
学习体会				

项目四

Excel 数据处理

学习本项目后,能熟悉 Excel 2010 的窗口界面,理解单元格的概念、工作表与工作簿的区别;理解绝对地址、相对地址和混合地址的概念,掌握公式与常用函数,数据筛选、排序、图表的使用方法;理解搜寻函数的使用理念;理解数据分类汇总、高级筛选以及数据透视表的使用方法。

知识目标

1. 熟悉 Excel 2010 窗口界面,能理解工作簿与工作表的区别。
2. 能建立、打开、保存工作簿。
3. 理解公式与常用函数。
4. 熟练掌握数据排序、筛选以及插入图表的方法。
5. 掌握数据的计算方法。
6. 理解数据分类汇总、高级筛选、数据透视表的概念。
7. 掌握建立数据透视表、对数据进行分类汇总和高级筛选的方法。

技能目标

1. 能利用 Excel 2010 制作、修饰表格。
2. 能运用函数进行数据运算。
3. 能利用图表进行数据分析。
4. 通过 Excel 2010 的学习,为自动化办公奠定基础。

情感目标

1. 培养学生分析问题、解决问题的能力。
2. 培养学生的团队协作能力。

项目四　Excel 数据处理

任务一　制作简单表格

任务目标

通过输入学生成绩的数据，熟悉 Excel 2010 的窗口界面，理解单元格的概念、工作表与工作簿的区别，从而具备制作简单表格的能力。

任务分析

对本次任务做如下分解：

Excel 2010 窗口界面 → Excel 2010 基本操作 → 信息录入

知识储备

Microsoft Excel 是一套功能完整、操作简易的电子计算表软件，提供丰富的函数及强大的图表、报表制作功能，有助于高效地建立与管理资料，下面我们就一起来熟悉 Excel 2010 软件的界面。

一、Excel 2010 窗口界面

启动 Excel 2010 后，可以看到如图 4-1-1 所示的界面。界面可简单分为快速访问工具栏、功能区、编辑栏、工作表编辑区、工作表标签等区域。

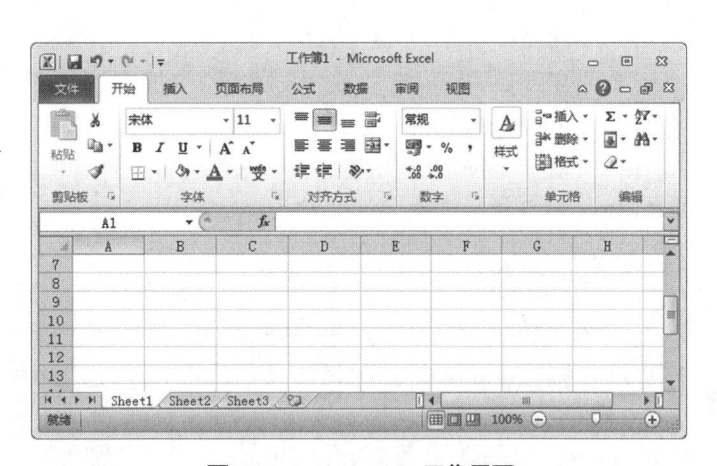

图 4-1-1　Excel 2010 工作界面

143

二、单元格的概念

单元格是表格中行与列的交叉部分,它是 Excel 2010 进行数据处理的最小单位,两个以上相邻的单元格可以合并。单个数据的输入和修改都是在单元格中进行的。单元格按所在的行列位置来命名,例如:地址"B5"指的是"B"列与第5行交叉位置上的单元格。

三、工作表与工作簿的区别

1.工作表

工作表是显示在工作簿窗口中的表格。一个工作表可以由 1 048 576 行和 16 384 列构成。行的编号从1到1 048 576,列的编号依次用字母及其组合 A、B ……XFD 表示。行号显示在工作表窗口的左边,列号显示在工作表窗口的上边。Excel 2010 默认一个工作簿有三个工作表,用户可以根据需要添加工作表,但每一个工作簿中的工作表个数受可用内存的限制,当前的主流配置已经能轻松建立超过255个工作表了。

在 Excel 2010 中,在工作簿窗口底部工作表标签位置单击"插入工作表"图标即可在工作簿末尾新建一张工作表。

2.工作簿

所谓工作簿是指 Excel 环境中用来储存并处理工作数据的文件。也就是说 Excel 文档就是工作簿。它是 Excel 工作区中一个或多个工作表的集合,其扩展名为".xlsx"。

3.工作簿和工作表的关系

工作簿和工作表的关系就像书本和页面的关系,每个工作簿中可以包含多张工作表,Excel 2010 工作簿所能建立的最大工作表数受内存的限制。默认每个新工作簿中包含3个工作表,在 Excel 2010 程序界面的下方可以看到工作表标签,默认的名称为"Sheet1""Sheet2""Sheet3"。每个工作表中的内容相对独立,通过单击工作表标签可以在不同的工作表之间进行切换。

任务实施

一、新建工作簿

每次启动 Excel 后,Excel 会默认新建一个名称为"Book1"的空白工作簿,在 Excel 程序界面标题栏中可以看到工作簿名称。在 Excel 2010 中,标题栏的位置被快速访问工具栏取代,新建的空白工作簿名称也改为"工作簿1"或自命名。

方法一：启动Excel 2010后，按"Ctrl+N"组合键，即可新建一个名为"工作簿2"的文档。

方法二：如图4-1-2所示，单击"文件"选单—"新建"命令，选择"空白工作簿"或样本"模板"，即可新建一个工作簿。

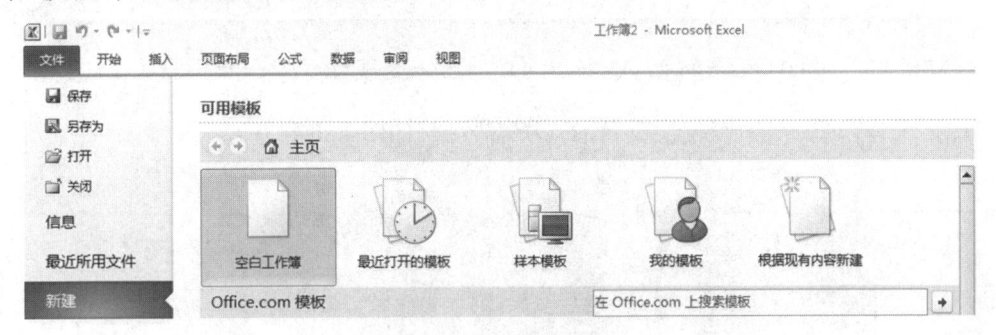

图4-1-2　新建工作簿

二、保存工作簿

方法一：单击快速存取工具栏的"保存"按钮，即可弹出"另存为"对话框，如图4-1-3所示，选择要保存的文件夹后，在"文件名"栏中输入要保存的文件名，如："2014年度公司员工评分表"，选择保存类型为"Excel工作簿(*.xlsx)"，单击"保存"按钮。

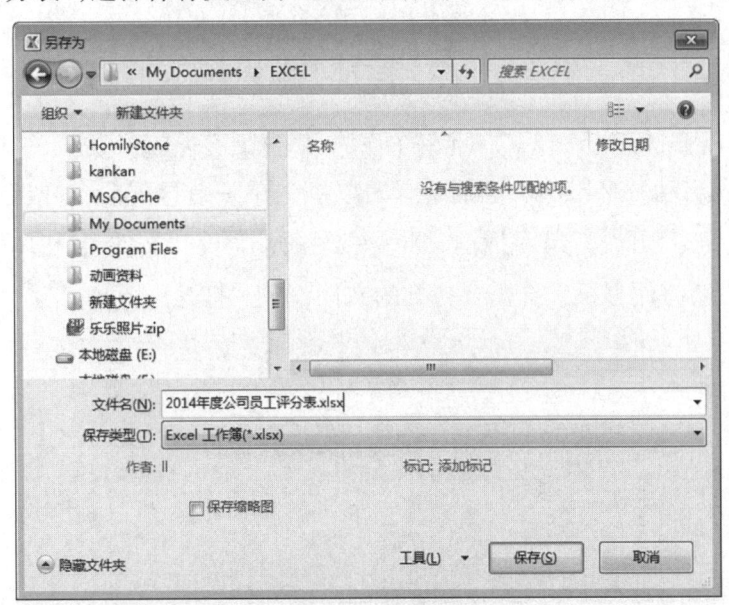

图4-1-3　保存工作簿

方法二：直接在Excel 2010工作窗口按"Ctrl+S"组合键，也可以打开"另存为"对话框口进行工作簿的保存。

方法三：选择"文件"选单—"保存"命令，也可对工作簿进行保存。

小贴士

大家记住,选择"保存"命令,只有首次保存时,才能打开"另存为"对话框。如果已经有过保存操作,再选择"保存",则是以当前路径、当前文件名进行保存。

三、在文档窗口中进行信息录入

保存工作簿后,在工作表编辑区录入所需数据,如图4-1-4。

	A	B	C	D	E	F	G	H	I	J
1				2014年度公司员工评分表						
2	编号	姓名	性别	职称	出勤奖分	竞赛奖分	评教得分	特殊贡献	其它	年终总分
3	2014A1001	李强	男	一级	85	8	78	90	76	
4	2014A1002	李忠	男	一级	75	87	63	74	70	
5	2014A1003	刘晓钟	男	二级	88	91	96	93	90	
6	2014A1004	陆健	男	高级	75	84	97	75	70	
7	2014A1005	孙亦浩	男	一级	90	70	95	85	80	
8	2014A1006	王观松	男	高级	72	75	69	80	95	
9	2014A1007	王青海	男	二级	85	88	73	86	68	
10	2014A1008	张皓	男	高级	92	87	74	84	80	
11	2014A1009	李德恩	女	高级	76	67	90	95	65	
12	2014A1010	李迪文	女	二级	72	75	69	63	89	
13	2014A1011	刘长华	女	二级	92	86	74	84	90	
14	2014A1012	吴思远	女	一级	89	67	92	87	92	
15	2014A1013	叶雨梅	女	一级	76	67	78	97	69	
16	2014A1014	张光辉	女	二级	76	85	84	83	86	
17	2014A1015	张捷	女	高级	84	83	90	88	88	
18	2014A1016	张时华	女	一级	97	83	89	88	68	
19	2014A1017	朱靖	女	二级	76	88	84	92	78	

图4-1-4 录入数据

四、打开工作簿

如果我们需要打开一个已经存在的工作簿,应该怎么做呢?

方法:首先启动Excel 2010,然后选择"文件"选单—"打开"命令,或者"快速存取工具栏"的 按钮,打开"打开"对话框,如图4-1-5所示。在"文件名"栏中输入需要打开的文件名,或者直接用鼠标选择需要打开的文件,单击"打开"按钮。

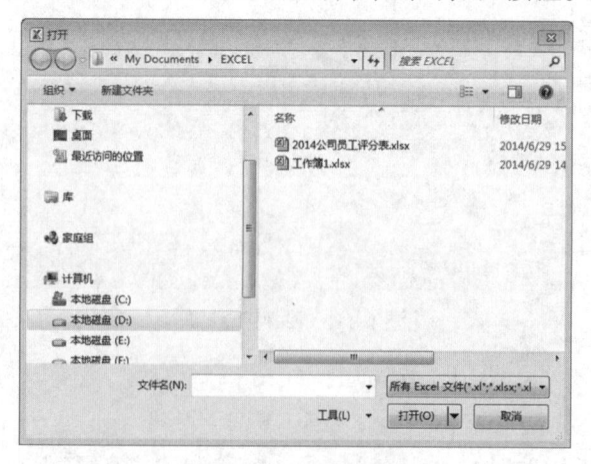

图4-1-5 打开工作簿

五、另存工作簿

我们在处理数据时,如果需要将当前工作簿以另外的文件名再保存一份文件时,就会用到"另存为"命令。

方法:选择"文件"选单—"另存为"命令,打开"另存为"对话框,如图4-1-3所示,选择保存路径,然后在"文件名"栏输入需要另存的新文件名,单击"保存"按钮。

任务拓展

在"D:\ My Documents\EXCEL"路径新建两个工作簿,文件名分别为"家乐超市上半年蔬菜销量统计表""2014年计算机操作员考试成绩单",并对应输入图4-1-6和图4-1-7中的数据。

家乐超市上半年蔬菜销量统计表(千克)							
月份	黄瓜	西红柿	洋葱	土豆	芹菜	白菜	胡萝卜
1	5000	7000	18000	24000	8000	20000	4000
2	6000	8000	15000	23000	1000	19000	4500
3	65000	85000	16000	25000	12000	18000	4200
4	8000	10000	10900	24500	21500	14600	4150
5	11250	12600	10000	18400	20000	8500	3000
6	20000	15800	8500	10000	24430	8000	3150
平均值							

图4-1-6 家乐超市蔬菜销量统计表

2014年计算机操作员考试成绩单					
编号	姓名	性别	级别	籍贯	成绩
2014001	刘丹	女	初级	河南	80
2014002	张华	女	高级	湖北	74
2014003	陈建国	男	高级	山东	76
2014004	卫微	女	中级	四川	77
2014005	孙童	男	中级	山西	73
2014006	方芳	女	初级	宁夏	75
2014007	王欢	男	中级	湖南	81
2014008	吴韦	男	高级	陕西	77
2014009	郭颖	女	初级	北京	79
2014010	王妍	女	中级	山西	78
				平均成绩:	

图4-1-7 计算机考试成绩表

任务评价

评价内容	评价标准	分值	学生自评	老师评估
Excel 2010窗口界面	熟悉Excel 2010窗口界面,掌握各快捷图标的功能	10		
Excel 2010基本操作	能建立、打开、保存工作簿	20		
信息录入	能制作简单表格	30		
表格修饰	能对表格进行简单修饰	30		
情感评价	具备分析问题、解决问题的能力	10		
学习体会				

任务二　数据计算

任务目标

通过学习,能熟练设置表格格式,理解绝对地址、相对地址和混合地址的概念;能使用公式和函数进行简单计算;熟练进行数据筛选与排序;能熟练依据数据源生成图表,从而提升数据的处理能力。

任务分析

本次任务做如下分解:

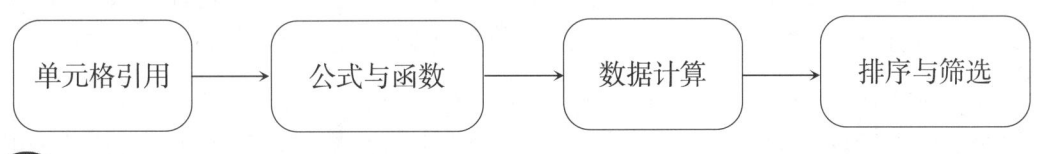

单元格引用 → 公式与函数 → 数据计算 → 排序与筛选

知识储备

一、绝对引用、相对引用和混合引用

1.单元格的引用

单元格的引用是指在公式中使用单元格的地址作为运算项,在引用时单元格地址代表了该单元格的数据。当需要在公式中引用单元格时,可以直接输入单元格地址,也可以用鼠标单击该单元格。

引用单元格地址可以引用相对地址、绝对地址和混合地址3种。

2.相对引用

Excel中的相对单元格引用(例如A1)是基于包含公式和单元格引用的单元格的相对位置。如果公式所在单元格的位置改变,引用也随之改变。如果多行或多列地复制公式,引用会自动调整。默认情况下,新公式使用相对引用。例如,如果将单元格B2中的相对引用复制到单元格B3,将自动从"=A1"调整到"=A2"。

3.绝对引用

单元格中的绝对单元格引用(例如 $A$1)总是在指定位置引用单元格。如果公式所在单元格的位置改变,绝对引用保持不变。如果多行或多列地复制公式,绝对引用将不做调整。默认情况下,新公式使用相对引用,需要将它们转换为绝对引用。例如,如果将单元格 B2 中的绝对引用复制到单元格 B3,则在两个单元格中一样,都是"=$A$1"。

4.混合引用

混合引用具有绝对列和相对行,或是绝对行和相对列。绝对引用列采用 $A1、$B1 等形式。绝对引用行采用 A$1、B$1 等形式。如果公式所在单元格的位置改变,则相对引用改变,而绝对引用不变。如果多行或多列地复制公式,相对引用自动调整,而绝对引用不做调整。例如,如果将一个混合引用从 A2 复制到 B3,它将从"=A$1"调整到"=B$1"。

二、公式与常用函数的使用方法

1.公式的概念

公式是由数据、单元格地址、函数、运算符等组成的表达式。公式必须以"="开头,系统将"="后面的字符串识别为公式。如"=A2+B3+D5"或"=SUM(A2:D5)"。

2.公式中的运算符

公式中的运算符是公式中的基本元素,一个运算符就是一个符号,它代表对公式中的元素进行特定类型的运算。

公式中运算符存在的位置及类型不同,产生的结果就会不同,因此在创建公式前,学习不同类型的运算符及运算符的优先级是十分重要的。

(1)运算符种类。

公式中的运算符是对公式中的元素进行特定类型的运算,其主要包含有以下几种运算。

①算术运算符。

算术运算符可以完成基本的数字运算,包括加、减、乘、除、百分号和脱字号等,如表4-2-1所示。

表4-2-1 算术运算符

算术运算符	含 义	解释及示例
+(加号)	加	计算两个数值之和(5+5=10)
-(减号)	减	计算两个数值之差(10-3=7)
*(乘号)	乘	计算两个数值的乘积(5*5=25)

续表

算术运算符	含　义	解释及示例
/(除号)	除	计算两个数值的商(6/2=3)
%(百分号)	百分比	将数值转换成百分比格式
^(脱字号)	乘方	计算数值乘方(2^3=8)

②比较运算符。

比较运算符可以比较两个数值,并产生逻辑值"True"或者"False",即条件相符,产生逻辑真值"True";若条件不符,则产生逻辑假值"False",比较运算符的含义及示例如表4-2-2所示。

表4-2-2　比较运算符

比较运算符	含　义	示　例
=	相等	A1=20
<	小于	28<40
>	大于	87>18
>=	大于等于	SUM(A1:C4)>=80
<=	小于等于	B3<=60
<>	不等于	C5<>70

③文本运算符。

文本运算符只有一个连接符"&"。利用连接符可以将文本连接起来,如表4-2-3所示。

表4-2-3　文本运算符

文本运算符	含　义	示　例
&(与)	1.将两个文本连接起来 2.将单元格与文本连接 3.将单元格与单元格连接	="重"&"庆" =B3&"工贸校" =B3&D7

④引用运算符。

使用引用运算符可以将不同单元格区域合并计算,如表4-2-4所示。

表4-2-4 引用运算符

引用运算符	名 称	示 例
:(冒号)	区域运算符	A3:C6
,(逗号)	联合运算符	B2,C3,F4,D7,E2

(2)公式中的运算顺序。

如果公式中同时用到多个运算符,Excel将按照以下顺序进行运算:引用运算符→负号→百分比→乘幂→乘、除→加、减→文本运算符→比较运算符。

3.常用函数的使用

函数是Excel预定好的公式,可以引入工作表中进行运算,使用函数可以大大简化公式,并能提高运算效率。

(1)输入函数。

在工作表中输入函数有两种较为常用的方法:一种是直接手动输入,如图4-2-1所示;另外一种是通过"函数库"输入。

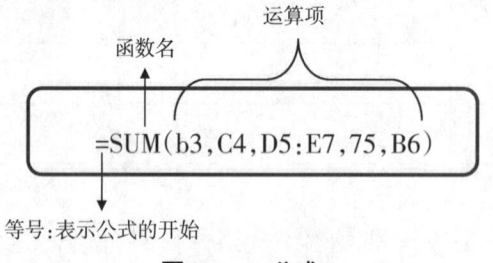

图4-2-1 公式

(2)常用的函数。

Excel函数一共有12类,分别是常用函数、多维数据集函数、数据库函数、日期与时间函数、工程函数、财务函数、信息函数、逻辑函数、查找与引用函数、数学和三角函数、统计函数以及文本函数等。

①求和函数:SUM。

语法:SUM(number1[,number2,...])。

number1 必需。想要相加的第一个数值参数。

number2,... 可选。想要相加的2到255个数值参数。

功能：SUM将指定为参数的所有数字相加。每个参数都可以是区域、单元格引用、数组、常量、公式或另一个函数的结果。例如，SUM(A1:A5)将单元格A1至A5中的所有数字相加，SUM(A1，A3，A5)将单元格A1、A3和A5中的数字相加。

②平均值函数：AVERAGE。

语法：AVERAGE(number1[,number2,...])。

number1 必需。想要相加的第一个数值参数。

number2,... 可选。想要相加的2到255个数值参数。

功能：返回参数的平均值（算术平均值）。例如，如果区域A1:A20包含数字，则公式=AVERAGE(A1:A20)将返回这些数字的平均值。

③求最大值函数：MAX。

语法：MAX(number1[,number2,...])。

number1 是必需的，后续数值是可选的。是要从中找出最大值的1到255个数字参数。

功能：返回一组值中的最大值。例如：在选定的单元格中输入"=(18,90,65,98)"，则单元格中将显示运算结果为"98"。

④求最小值函数：MIN。

语法：MIN(number1[,number2,...])

number1 是必需的，后续数值是可选的。是要从中找出最大值的1到255个数字参数。

功能：返回一组值中的最小值。

三、数据筛选与排序、图表及其使用方法

1.数据筛选

Excel 2010具有较强的数据筛选功能，筛选数据可以从数据清单的众多数据中选择某种符合条件的数据，并删除无用的数据。我们可以使用自动筛选，也可以通过高级筛选处理更复杂的数据。自动筛选适用于简单筛选条件，分为文本筛选和数字筛选。高级筛选将在任务四详细介绍。

（1）文本筛选。

选择需要进行文本筛选的单元格区域，单击"开始"选项卡—"编辑"组—"排序和筛选"按钮，在下拉选单中选择"筛选"命令，如图4-2-2所示，即可在字段名后自动添加下拉按钮。

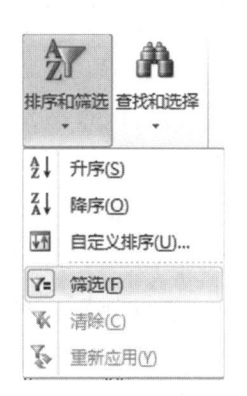

图4-2-2 "筛选"命令

单击字段名后的下拉按钮,在弹出的文本值列表中,通过启用或禁用复选框,来选择或清除要作为筛选依据的文本值。

我们也可以创建筛选后,单击字段名后的下拉按钮,选择"文本筛选"中的选项,如选择"不等于"选项,在弹出的对话框(如图4-2-3所示)中进行相应设置。

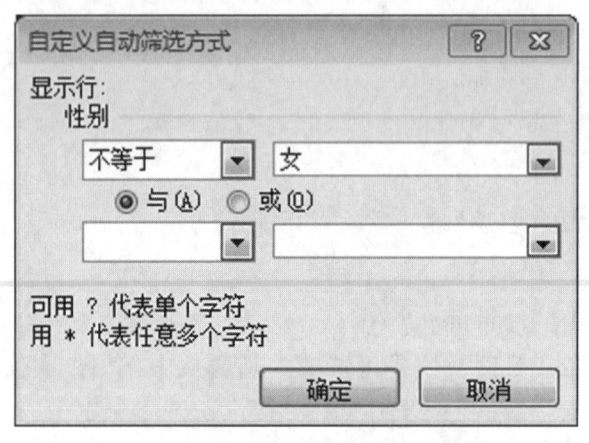

图4-2-3 "自定义自动筛选方式"对话框

通过"自定义自动筛选方式"对话框,可以设置多个筛选条件。如果需要同时满足两个条件,选择"与"单选按钮;若只需满足两个条件之一,可选择"或"单选按钮。

(2)数字筛选。

筛选数字与筛选文本的方法基本相同。创建筛选后,单击下拉按钮,在"数字筛选"中选择所需选项,并在弹出的对话框中进行相应的设置。

2.数据排序

对数据进行排序有助于快速直观地显示、理解数据和查找所需数据等,并可以帮助用户做出有效的决策。在Excel 2010中可以对文本、数字、时间等对象进行排序操作。

(1)升序。

对所选内容进行排列,并把最小值置于列的顶端,即是按照升序进行排序。要升序排列数据,需要选重要进行排序的单元格区域,单击"编辑"组—"排序和筛选"下拉按钮,如图4-2-2所示,执行"升序"命令。

(2)降序。

若需要以降序的方式排列数据,可以选择单元格区域后,单击"排序和筛选"下拉按钮,执行"降序"命令。如果在进行排序时,只选择某一列或某一行单元格区域时,Excel 2010将弹出"排序提醒"对话框,如图4-2-4所示。我们可以在该对话框中选择排序依据。

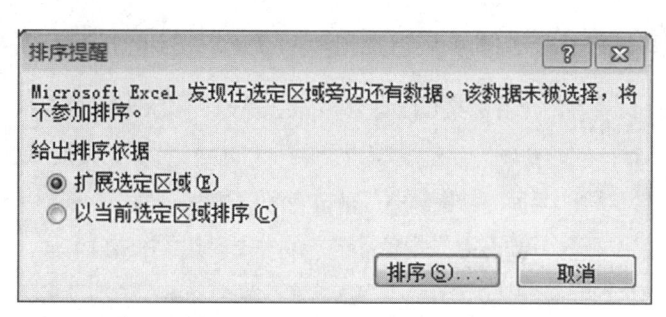

图4-2-4 "排序提醒"对话框

（3）自定义排序。

选择数据区域，单击"排序和筛选"下拉按钮，执行"自定义排序"命令，弹出"排序"对话框，如图4-2-5所示。

在该对话框中单击"列"下的"主要关键字"下拉按钮，在其下拉选单中选择要进行排序的字段名，如：职称。再分别单击"排序依据"和"次序"下拉按钮，选择要进行排序的依据和顺序。

图4-2-5 "排序"对话框

在"排序"对话框中还包含多个命令按钮，单击不同的按钮，可以设置不同的排序条件：单击"添加条件"按钮，可以在"列"中添加"次要关键字"条件，并进行设置；单击"删除条件"按钮，可删除当前关键字条件；单击"复制条件"按钮，可以复制当前关键字条件。

若是需要对排序方法和排序方向进行设置，可以单击"选项"按钮，在弹出的"排序选项"对话框中进行设置，如图4-2-6所示。

我们除了可以使用"编辑"组—"排序和筛选"进行排序外，

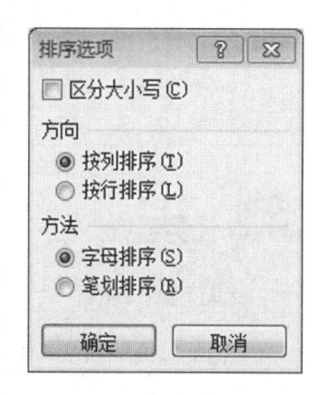

图4-2-6 "排序选项"对话框

还可以选择"数据"选项卡—"排序和筛选"组—"升序"按钮、"降序"按钮以及"排序"按钮,进行相关设置,如图4-2-7所示。

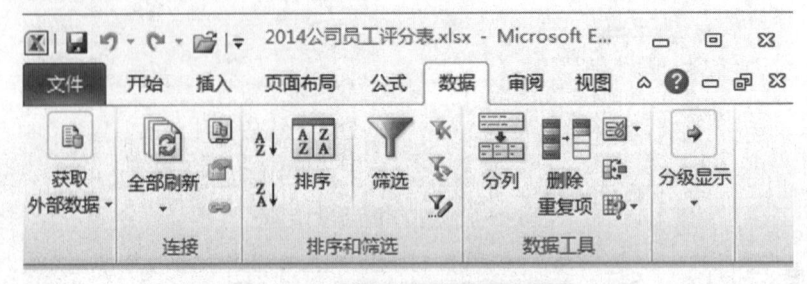

图4-2-7 通过"数据"选项卡排序

3.图表

利用Excel 2010强大的图表功能,可以轻松创建图表。使用图表对表格中的数据进行分析,可以将数据图形化,并且能够增强表格的视觉效果,使表格数据层次分明、条理清楚且易于理解,从而使我们直接了解到数据之间的关系和变化趋势。

图4-2-8为柱形图,是常用的一种图表。柱形图包含了坐标轴、图例、图表区、数据系列、绘图区、图表标题等元素。

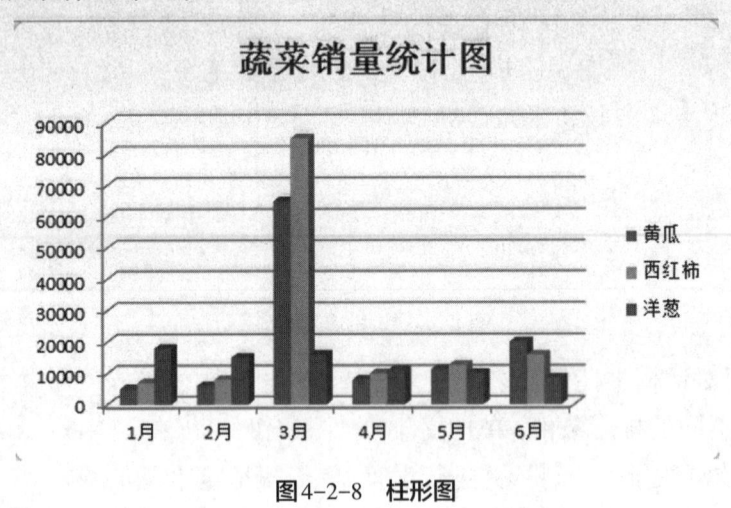

图4-2-8 柱形图

任务实施

一、设置表格格式

(1)启动Excel 2010,打开"家乐超市上半年蔬菜销量统计表"。

(2)选中标题单元格,选择"开始"选项卡—"对齐方式"组—"合并后居中"按钮。

（3）设置文字格式：选择标题单元格，设置字体为"华文隶书"，16号字，如图4-2-9所示，设置表头文字为"仿宋"，14号字。

（4）设置单元格格式：选择"开始"选项卡—"样式"—"套用表格格式"或"单元格样式"按钮，可以将单元格设置为Excel 2010表格模板样式；选择"单元格"组—"格式"—"设置单元格格式"命令，打开"设置单元格格式"对话框，如图4-2-10所示，也可以对单元格格式进行设置。

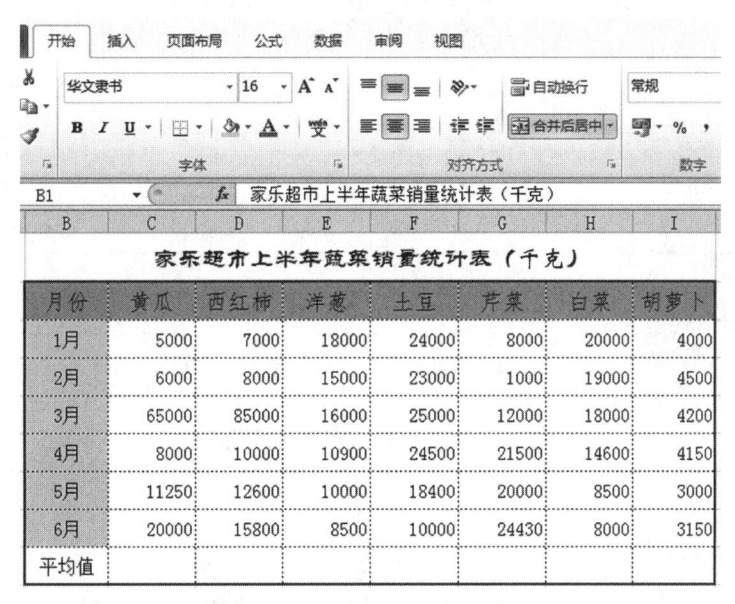

图4-2-9　设置表格文字格式

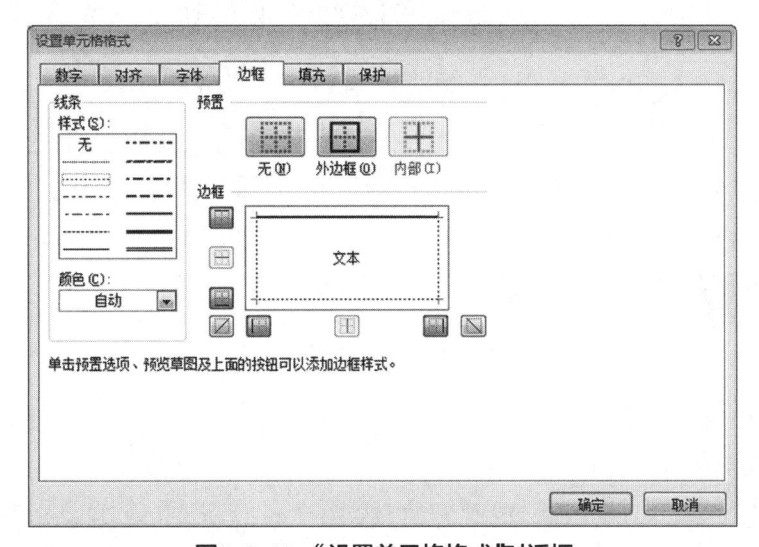

图4-2-10　"设置单元格格式"对话框

二、使用公式和函数进行简单计算

1.打开表格文件

启动Excel 2010,打开"家乐超市上半年蔬菜销量统计表"(如图4-2-11所示),我们一起来对表格中的数据进行计算。

家乐超市上半年蔬菜销量统计表（千克）

月份	黄瓜	西红柿	洋葱	土豆	芹菜	白菜	胡萝卜
1月	5000	7000	18000	24000	8000	20000	4000
2月	6000	8000	15000	23000	1000	19000	4500
3月	65000	85000	16000	25000	12000	18000	4200
4月	8000	10000	10900	24500	21500	14600	4150
5月	11250	12600	10000	18400	20000	8500	3000
6月	20000	15800	8500	10000	24430	8000	3150
最大值							
最小值							
销售总量							
平均值							

图4-2-11 家乐超市上半年蔬菜销量统计表

2.计算最大值

我们采用直接输入公式的方法进行计算。

(1)将鼠标置于显示结果的单元格中,如:C9,在编辑栏内输入公式"=MAX(C3:C8)",如图4-2-12所示,再按Enter键,即可计算出黄瓜销量的最大值。

| C9 | ▼ | f_x | =MAX(C3:C8) |

图4-2-12 输入计算最大值公式

(2)鼠标定位到C9单元格右下角,鼠标指针变为复制柄状态,按住鼠标左键不放,同时拖动鼠标至I9单元格,将计算出其余蔬菜的最大值,如图4-2-13所示。

| 最大值 | 65000 | 85000 | 18000 | 25000 | 24430 | 20000 | 4500 |

图4-2-13 利用复制柄计算

3.计算最小值

这里运用函数进行计算。

将鼠标定位到C10单元格,选择"开始"选项卡—"编辑"组—"自动求和"下拉按钮,弹出如图4-2-14所示下列选单,选择"最小值"命令,即可显示最小值计算公式及计算区域,如图4-2-15所示。调整好计算区域后,按Enter键就可计算出"黄瓜"销售量的最小值,拖动C10单元格右下角的复制柄至I10单元格可计算出其余蔬菜的最小值销量。

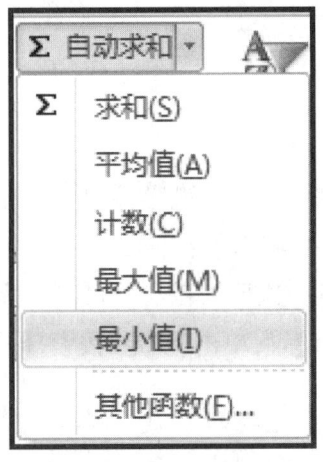

图4-2-14 "自动求和"下拉选单

图4-2-15 显示最小值函数及计算区域

4.销售总量(求和)的计算

可运用两种方法计算销售总量。

(1)直接输入公式"=C3+C4+C5+C6+C7+C8"。

(2)单击"开始"选项卡—"编辑"组—"自动求和"下拉按钮,在如图4-2-14所示下拉选单中选择"求和"命令,将显示求和计算函数及计算区域。调整好计算区域后,回车就可计算出"黄瓜"的销售总量。

5.平均值的计算

可运用两种方法计算平均值。

(1)直接在C12单元格内输入公式"=C11/6",如图4-2-16所示,具体方法同理于计算最大值。

(2)利用平均值函数进行计算。

将鼠标指针置于C12单元格内,选择"开始"选项卡—"编辑"组—"自动求和"下拉按钮。在如图4-2-14所示下拉选单中选择

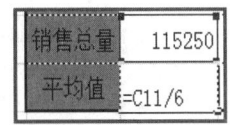

图4-2-16 直接输入平均值公式

"平均值"命令,编辑栏将显示出如图4-2-17所示的公式,调整好计算区域,按Enter键,即完成平均值的计算。

图4-2-17 平均值函数

三、数据排序、筛选及图表生成

对数据进行排序、筛选，依据数据源生成图表。

1. 打开表格文件

打开"2014年计算机操作员考试成绩单.xlsx"文件。

2. 数据排序

（1）将鼠标指针置于"性别"列，选择"开始"选项卡—"编辑"组—"排序和筛选"选项，选择下拉列表中的"升序"命令，将以"性别"列为关键字进行升序排序。

（2）以"级别"为主要关键字降序排序、以"性别"为次要关键字"升序"排序，则选择"自定义排序"命令，按如图4-2-18所示进行关键字设置，单击"确定"按钮，即可按设定条件进行排序，排序结果如图4-2-19所示。

图4-2-18 "排序"对话框

2014年计算机操作员考试成绩单					
编号	姓名	性别	级别	籍贯	成绩
2014005	孙童	男	中级	山西	73
2014007	王欢	男	中级	湖南	81
2014004	卫微	女	中级	四川	77
2014010	王妍	女	中级	山西	78
2014003	陈建国	男	高级	山东	76
2014008	吴韦	男	高级	陕西	77
2014002	张华	女	高级	湖北	74
2014001	刘丹	女	初级	河南	80
2014006	方芳	女	初级	宁夏	75
2014009	郭颖	女	初级	北京	79
				平均成绩：	

图4-2-19 排序结果

3.数据筛选

利用"筛选"功能,仅显示"级别"为高级的记录。

选择"开始"选项卡—"编辑"组—"排序和筛选"选项,选择下拉选单中的"筛选"命令,再单击"级别"表项后的下拉按钮,在复选框中只勾选"高级"选项,如图4-2-20所示,单击"确定"按钮,即可按要求完成筛选,筛选结果如图4-2-21所示。

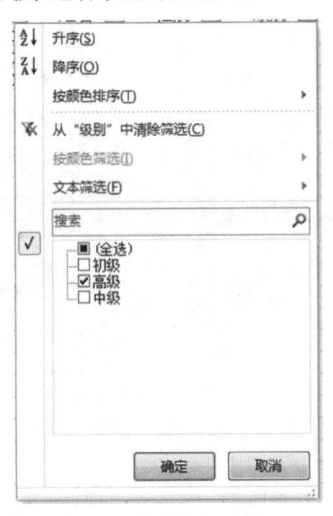

图4-2-20 筛选选项

2014年计算机操作员考试成绩单						
编号	姓名	性别	级别	籍贯	成绩
2014003	陈建国	男	高级	山东	76
2014008	吴韦	男	高级	陕西	77
2014002	张华	女	高级	湖北	74

图4-2-21 筛选结果

4.插入图表

选择"插入"选项卡—"图表"组内的各选项,以选定区域的数据作为依据创建图表,图表类型如图4-2-22所示。

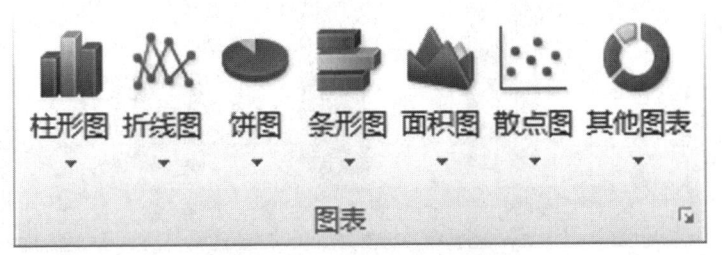

图4-2-22 Excel 2010图表类型

这里，我们以筛选后的数据为例，在表格下方插入圆柱图。

(1)单击"柱形图"选项的下拉按钮，选择"簇状圆柱图"类型。

(2)单击"设计"选项卡—"数据"组—"选择数据"选项，如图4-2-23所示。在打开"选择数据源"对话框，按图4-2-24所示进行图表数据区域的设置。插入图表如图4-2-25所示。

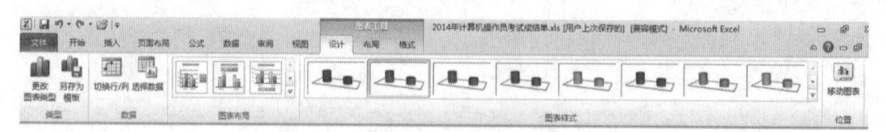

图4-2-23 "设计"选项卡

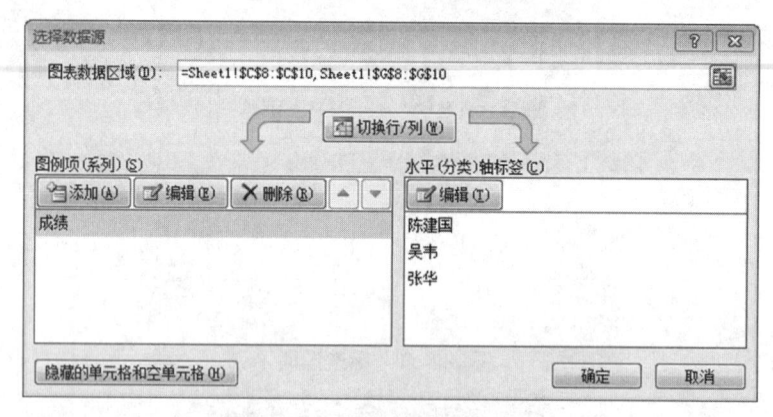

图4-2-24 "选择数据源"对话框

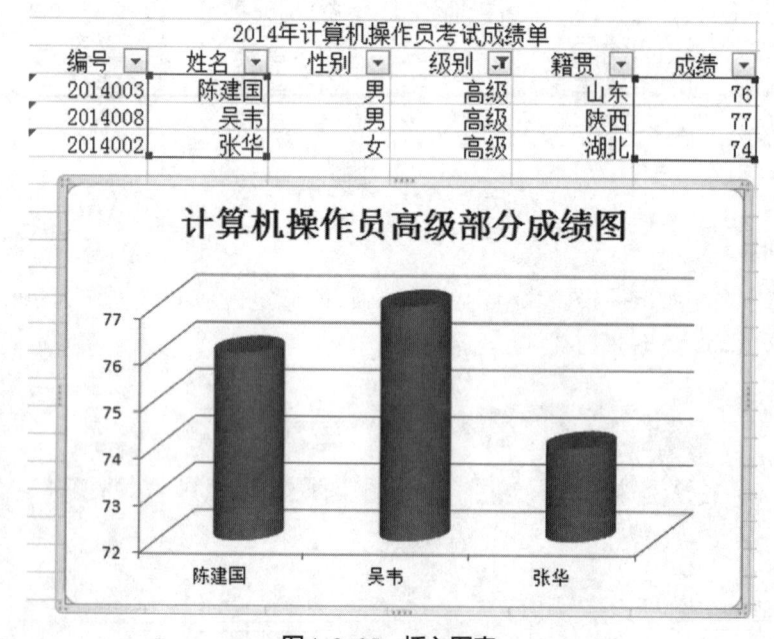

图4-2-25 插入图表

任务拓展

制作学生成绩统计表以及销售表。

1.图表的运用。

(1)打开"家乐超市上半年蔬菜销量统计表",使用Sheet1工作表中的一月份的数据,在Sheet2工作表中创建一个三位饼图,显示数值。

(2)按图4-2-26所示,对图表进行修饰:图表标题为"一月份蔬菜销量情况",字体为黑体,18磅,蓝色;图例区字体设置为隶书,14磅,橙色。

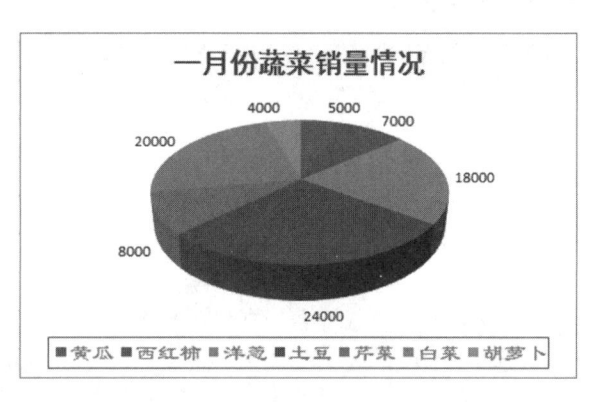

图4-2-26 "一月份蔬菜销量情况"饼图

2.计算与排序。

(1)在"学生成绩表.xlsx"工作簿中,运用函数分别对"平均分"及"总分"进行计算。

(2)以"性别"为主要关键字降序排序,"总分"为次要关键字降序排序,如图4-2-27所示。

学生成绩表

学号	姓名	性别	英语	数学	政治	平均分	总分	名次
5	张双喜	女	98	93	88	93.00	279.00	1
14	张庆红	女	93	89	79	87.00	261.00	2
9	张敬伟	女	87	82	76	81.67	245.00	4
2	韩敏	女	67	86	90	81.00	243.00	5
16	杨海茹	女	70	91	82	81.00	243.00	6
4	李瑞敏	女	79	76	85	80.00	240.00	8
18	霍丽霞	女	81	75	69	75.00	225.00	12
12	张俊玲	女	79	78	65	74.00	222.00	13
11	韩永军	女	63	83	70	72.00	216.00	14
17	高秋兰	女	56	78	80	71.33	214.00	15
8	贺俊霞	女	60	69	65	64.67	194.00	18
10	张金科	男	90	86	76	84.00	252.00	3
15	庞小瑞	男	65	90	88	81.00	243.00	7
19	张金娥	男	90	72	75	79.00	237.00	9
6	苗永芝	男	71	75	84	76.67	230.00	10
13	李文良	男	84	73	69	75.33	226.00	11
1	张大维	男	68	77	65	70.00	210.00	16
7	张红霞	男	57	78	67	67.33	202.00	17
3	元运希	男	43	67	78	62.67	188.00	19
20	邓运来	男	26	59	93	59.33	178.00	20

图4-2-27 学生成绩表

任务评价

评价内容	评价标准	分值	学生自评	老师评估
单元格引用	能理解单元格引用的概念,掌握单元格引用的方法	10		
公式与函数	能理解公式与函数的概念,掌握公式与函数的使用方法	20		
数据计算	能利用公式与函数对数据进行计算	30		
排序与筛选	能对表格内的数据进行排序与筛选	30		
情感评价	具备分析问题、解决问题的能力	10		
学习体会				

任务三　信息查询

任务目标

通过本任务的学习,理解查找与引用函数的概念;能使用记录单输入数据;能熟练使用函数提取数据;能用搜索结果制作查询表。

任务分析

对本次任务做如下分解:

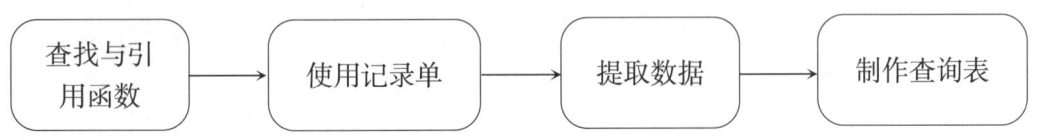

查找与引用函数 → 使用记录单 → 提取数据 → 制作查询表

知识储备

查找与引用函数

1.VLOOKUP函数

语法:VLOOKUP(lookup_value,table_array,col_index_num,range_lookup)。

使用 VLOOKUP 函数搜索某个单元格区域的第一列,然后返回该区域相同行上任何单元格中的值。

例如,假设区域 A2:C10 中包含雇员列表,雇员的 ID 号存储在该区域的第一列,如图4-3-1所示。

	A	B	C
1	员工 ID	部门	姓名
2	35	销售	张颖
3	36	生产	王伟
4	37	销售	李芳
5	38	运营	郑建杰
6	39	销售	赵军
7	40	生产	孙林
8	41	销售	金士鹏
9	42	运营	刘英玫
10	43	生产	张雪眉

图 4-3-1　雇员列表

如果知道雇员的 ID 号，则可以使用 VLOOKUP 函数返回该雇员所在的部门或其姓名。若要获取 38 号雇员的姓名，可以使用公式"=VLOOKUP(38，A2:C10，3，FALSE)"。此公式将搜索区域 A2:C10 的第一列中的值 38，然后返回该区域同一行中第三列包含的值作为查询值。

VLOOKUP 中的 V 表示垂直方向。当比较值位于所需查找的数据的左边一列时，可以使用 VLOOKUP 而不是 HLOOKUP。

2.LOOKUP

语法：LOOKUP(lookup_value，lookup_vector，result_vector)。

LOOKUP 函数可从单行或单列区域（区域：工作表上的两个或多个单元格，区域中的单元格可以相邻或不相邻），或者从一个数组（数组：用于建立可生成多个结果或可对在行和列中排列的一组参数进行运算的单个公式，数组区域共用一个公式；数组常量是用作参数的一组常量）返回值。

任务实施

一、使用记录单输入数据

Excel 2010 提供了记录单和搜索筛选器功能，可以帮助用户快速地输入数据，同时可以从工作表大量的数据集中快速搜索出相应的目标数据。

当需要在 Excel 工作表中输入海量数据的时候，一般会选择逐行逐列地输入，这种输入数据方式往往会将很多时间浪费在切换行列位置上，并且很容易出错。可以利用 Excel 本身提供的记录单功能来快速输入数据。具体方法如下：

打开 Excel 工作簿，单击"文件"—"选项"按钮，打开"Excel 选项"对话框，选择"快速访问工具栏"选项卡。在"从下列位置选择命令"下拉选单中选择"不在功能区的命令"，随后找到"记录单"命令将其添加到"快速访问工具栏",如图4-3-2所示。单击"确定"按钮,"记录单"命令就被添加到快速访问工具栏内,如图4-3-3所示。

图4-3-2 "Excel选项"对话框

图4-3-3 快速访问工具栏

当需要输入数据时,将鼠标置于数据区域内,单击"记录单"按钮,在打开的对话框中就可以轻松输入数据,如图4-3-4所示。单击"新建"按钮在相应的文本框中输入数据可以添加新的记录,还可以删除或逐条浏览相应记录。

图4-3-4 利用"记录单"输入数据

二、使用函数提取数据

运用函数，在"学生信息表"中，通过查找"姓名"提取学生的"住宿情况"。

(1)打开"学生信息表.xlsx"工作簿，如图4-3-5所示。

学生信息表

学号	系别	姓名	性别	年龄	住宿情况	考过月份	考试成绩	实验成绩
2013103202	计算机	胡小艳	女	18	住读	一	60	88
2013103203	物理	周 杨	男	17	走读	三	70	60
2013103204	计算机	钟削离	男	15	住读	八	68	70
2013103205	建筑	陈建均	女	38	住读	七	90	99
2013103206	计算机	沈 涛	男	17	住读	二	100	89
2013103207	计算机	周 倩	女	39	住读	一	80	75
2013103208	计算机	赵学莲	女	22	走读	四	77	77
2013103209	计算机	陈中华	男	18	住读	六	86	37
2013103210	建筑	李延红	女	19	住读	十二	99	99
2013103211	计算机	廖小会	女	40	住读	十	95	99
2013103212	计算机	陈利梅	女	21	走读	四	88	83
2013103213	建筑	熊 静	女	25	住读	三	73	90
2013103214	计算机	任碧华	女	22	住读	六	60	88
2013103215	物理	何亚军	男	19	住读	七	66	90

图4-3-5 学生信息表（部分）

(2)运用VLOOKUP函数，在"学生信息表"中，根据姓名提取住宿情况到图4-3-6表中。

姓名	住宿情况
吕 波	
何亚军	
周 杨	
左小利	
杜虹霖	
任泽伟	
尹坐南	

图4-3-6 住宿情况表

(3)将鼠标定位到M6单元格中，在编辑栏输入公式，如图4-3-7所示。

| M6 | ▼ | f_x | =VLOOKUP(L6,C2:F42,4,0) |

图4-3-7 输入公式

(4)按 Enter 键,得到如图4-3-8结果。

姓名	住宿情况
吕 波	住读
何亚军	
周 杨	
左小利	
杜虹霖	
任泽伟	
尹坐南	

图4-3-8　提取结果

(5)将M6单元格公式中的"C2:F42"引用改为绝对引用,如图4-3-9所示。

| M6 | ▼ | f_x | =VLOOKUP(L6,$C$2:$F$42,4,0) |

图4-3-9　更改单元格引用方式

(6)拖动M6单元格右下角的复制柄至M12,即完成数据的提取,运算结果如图4-3-10所示。

姓名	住宿情况
吕 波	住读
何亚军	住读
周 杨	走读
左小利	住读
杜虹霖	住读
任泽伟	走读
尹坐南	住读

图4-3-10　运算结果

任务拓展

1.查找与引用函数的运用。

打开"销售汇总表.xlsx"工作簿,根据提成比例工作表,如图4-3-11所示,运用函数提取提成比例数据并计算销售汇总表(如图4-3-12所示)中的提成金额。

	A	B
1	提成比例	
2	金额等级划分	提成比例
3	0	2%
4	150000	6%
5	300000	10%
6	450000	15%
7	600000	20%
8	750000	25%
9	1000000	30%

图4-3-11 提成比例工作表

	A	B	C	D	E
1	销售汇总表				
2	工号	销售人员	销售总量	提成比例	提成金额
3	GT01	张红	330000		
4	GT02	苏开鑫	468200		
5	GT03	吴雯雯	785000		
6	GT04	欧霞飞	921000		
7	GT05	刘桂芳	650100		
8	GT06	曾欣	235000		
9	GT07	苟欢	180000		
10	GT08	廖寒梅	65000		
11	GT09	孙威	475000		

图4-3-12 销售汇总表

2.记录单的运用。

打开"学生信息表.xlsx"工作簿,运用Excel 2010的记录单功能,在"信息表"工作表中输入图4-3-13所示数据。

2013103221	建筑	李春红	女	28	住读	一	82	83
2013103222	计算机	昌义敏	女	19	走读	一	66	92
2013103223	物理	左小利	女	18	住读	三	77	93
2013103224	计算机	袁小刚	男	35	住读	八	85	83
2013103225	计算机	中晔	男	20	住读	七	82	82
2013103226	建筑	银庆春	女	20	住读	三	88	92
2013103227	计算机	唐萍	女	36	住读	一	71	68
2013103228	物理	伍娟	女	19	走读	四	60	88
2013103229	建筑	胡娟	女	27	住读	六	66	62
2013103230	计算机	朱虹	男	33	住读	十二	69	76
2013103231	物理	欧国兰	女	20	住读	十	68	99
2013103232	计算机	罗丽均	男	37	走读	四	67	72
2013103233	物理	陈小燕	女	24	住读	三	88	91
2013103234	计算机	付雪琴	女	16	住读	六	86	83

图4-3-13 学生信息表(部分)

任务评价

评价内容	评价标准	分值	学生自评	老师评估
查找与引用函数	理解查找与引用函数的概念,能掌握查找与引用函数的使用方法	10		
使用记录单	能使用记录单输入数据	25		
提取数据	能熟练使用函数提取数据	25		
制作查询表	能熟练制作查询表	30		
情感评价	是否具备分析问题、解决问题的能力	10		
学习体会				

任务四 数据分析

任务目标

通过本任务的学习,理解数据分类汇总、高级筛选以及数据透视表的概念,能熟练对数据进行分类汇总、高级筛选,并学会建立数据透视表。

任务分析

对本次任务做如下分解:

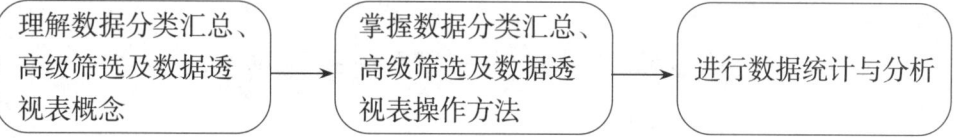

理解数据分类汇总、高级筛选及数据透视表概念 → 掌握数据分类汇总、高级筛选及数据透视表操作方法 → 进行数据统计与分析

知识储备

一、数据分类汇总、高级筛选

1.分类汇总

分类汇总,即对所有资料分类并进行汇总。它对于数据分析和统计非常有用,可以对某一字段进行求和、求平均值、最大值等操作。需要注意的是,在对数据依据某个条件进行分类汇总之前,首先要对数据依据该条件进行排序操作,才能对数据进行正确分类汇总。

2.高级筛选

在实际应用中,当涉及更复杂的筛选条件,利用自动筛选功能无法完成时,就需要利用Excel 2010的高级筛选功能,通过设置复杂的条件来筛选数据。

进行高级筛选,首先应设置筛选条件。高级筛选的筛选条件不是在对话框中设置,而是在工作表的某个区域事先填写好的。

二、数据透视表

数据透视表是一种交互式的表,可以进行某些计算,如求和与计数等。所进行的计算与数据透视表的排列和数据有关。之所以称为数据透视表,是因为可以动态地改变它们的版面布置,以便按照不同方式分析数据,也可以重新安排行号、列标签和页字段。每一次改变版面布置时,数据透视表会立即按照新的布置重新计算数据。另外,如果原始数据发生更改,则可以更新数据透视表。

任务实施

一、对数据进行分类汇总

(1)打开"2014年度公司员工评分表.xlsx"文件,并在"分类汇总"工作表内将数据按"职称"字段进行降序排序。

(2)选择"数据"选项卡—"分级显示"组—"分类汇总"选项,弹出"分类汇总"对话框,如图4-4-1所示。

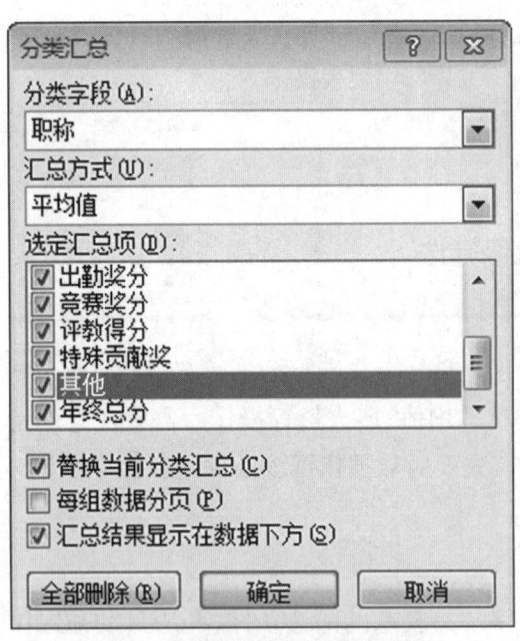

图4-4-1 利用"分类汇总"对话框

(3)按照图4-4-1所示进行相应设置,单击"确定"按钮,执行分类汇总命令,分类汇总结果如图4-4-2所示。

2014年度公司员工评分表

	编号	姓名	性别	职称	出勤奖分	竞赛奖分	评教得分	特殊贡献奖	其它	年终总分
3	2014A1001	李强	男	一级	85	8	78	90	76	337
4	2014A1002	李忠	男	一级	75	87	63	74	70	369
5	2014A1005	孙亦浩	男	一级	90	70	95	85	80	420
6	2014A1012	吴思远	女	一级	89	67	92	87	92	427
7	2014A1013	叶雨梅	女	一级	76	67	78	97	69	387
8	2014A1016	张时华	女	一级	97	83	89	88	68	425
9				一级 平均值	85.3333	63.6667	82.5	86.83333333	75.8333	394.166667
10	2014A1004	陆健	男	高级	75	84	97	75	70	401
11	2014A1006	王观松	男	高级	72	75	69	80	95	391
12	2014A1008	张皓	男	高级	92	87	74	84	80	417
13	2014A1009	李德恩	女	高级	76	67	90	95	65	393
14	2014A1015	张捷	女	高级	84	83	90	88	88	433
15				高级 平均值	79.8	79.2	84	84.4	79.6	407
16	2014A1003	刘晓钟	男	二级	88	91	96	93	90	458
17	2014A1007	王青海	男	二级	85	88	73	86	68	400
18	2014A1010	李迪文	女	二级	72	75	69	63	89	368
19	2014A1011	刘长华	女	二级	92	86	74	84	90	426
20	2014A1014	张光辉	女	二级	76	85	84	83	86	414
21	2014A1017	朱靖	女	二级	76	88	84	92	78	418
22				二级 平均值	81.5	85.5	80	83.5	83.5	414
23				总计平均值	82.3529	75.9412	82.05882	84.94117647	79.6471	404.941176

图4-4-2 分类汇总结果

二、对数据进行高级筛选

从"2014年度公司员工评分表"中筛选出职称为"一级"且"年终总分"在400分以上的数据。

(1)打开"2014年度公司员工评分表.xlsx"工作簿,在"高级筛选"工作表中的空白单元格中输入条件,如图4-4-3所示。

职称	年终总分
一级	>400

图4-4-3 筛选条件

(2)选择"数据"选项卡—"排序和筛选"组—"高级"选项,如图4-4-4所示,弹出"高级筛选"对话框。

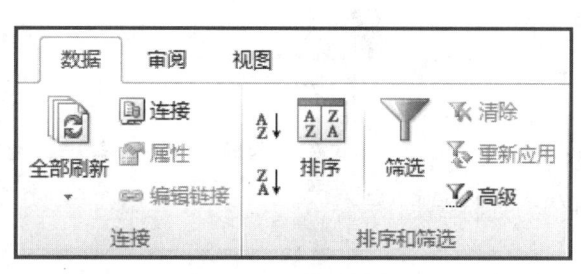

图4-4-4 高级筛选

(3)在"高级筛选"对话框中,单击"条件区域"的折叠按钮,并选择筛选条件所在的单元格,再单击该按钮返回。

若要使筛选结果显示在原有数据区域上,可选择"在原有区域显示筛选结果";若希望将筛选结果显示在其他单元格区域,则选择"将筛选结果复制到其他位置",并通过"复制到"的折叠按钮指定单元格区域。如图4-4-5所示。

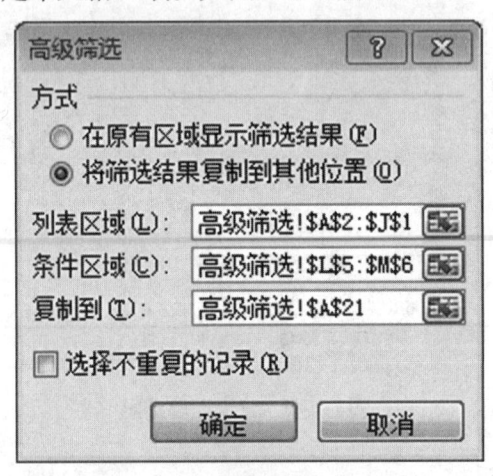

图4-4-5 "高级筛选"对话框

单击"确定"按钮,筛选结果如图4-4-6所示。

编号	姓名	性别	职称	出勤奖分	竞赛奖分	评教得分	特殊贡献奖	其它	年终总分
2014A1005	孙亦浩	男	一级	90	70	95	85	80	420
2014A1012	吴思远	女	一级	89	67	92	87	92	427
2014A1016	张时华	女	一级	97	83	89	88	68	425

图4-4-6 筛选结果

注意:若条件区域为"职称"等于"一级"或"年终总分"大于400分,筛选结果会有什么不同呢?同学们不妨试试。

三、建立数据透视表

利用"2014年度公司员工评分表"中的相应数据,以"性别"为报表筛选,以"姓名""职称"为行标签,以"出勤奖分""竞赛奖分""评教得分""特殊贡献奖"为列标签,并求平均值。

图4-4-7 数据透视表命令

(1)执行"插入"选项卡—"表格"—"数据透视表"选项,如图4-4-7所示,弹出"创建数据透视表"。

(2)在弹出的对话框中做如下设置,如图4-4-8所示。

(3)单击"确定"后,在工作表右边会显示"数据透视表字段列表"对话框。按要求对"报表筛选""行标签""列标签"等进行相应设置,如图4-4-9所示。

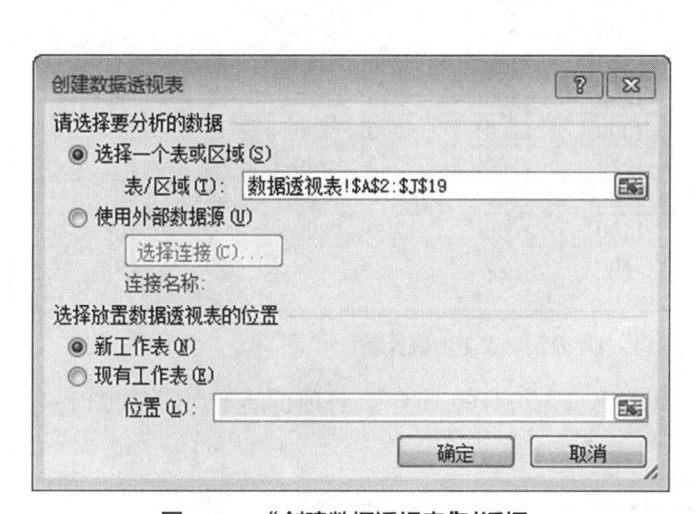

图4-4-8 "创建数据透视表"对话框

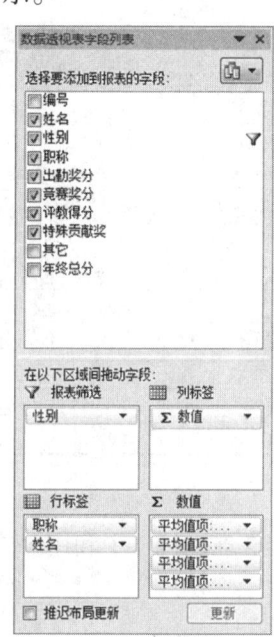

图4-4-9 "数据透视表字段列表"对话框

(4)设置完毕后,显示所需数据透视表,如图4-4-10所示。

性别	女			
行标签	平均值项:出勤奖分	平均值项:竞赛奖分	平均值项:评教得分	平均值项:特殊贡献奖
⊟二级	79	83.5	77.75	80.5
李迪文	72	75	69	63
刘长华	92	86	74	84
张光辉	76	85	84	83
朱靖	76	88	84	92
⊟高级	80	75	90	91.5
李德恩	76	67	90	95
张捷	84	83	90	88
⊟一级	87.33333333	72.33333333	86.33333333	90.66666667
吴思远	89	67	92	87
叶雨梅	76	67	78	97
张时华	97	83	89	88
总计	82	77.88888889	83.33333333	86.33333333

图4-4-10 员工评分透视表

任务拓展

1.创建"公司员工工资统计表"工作簿,在Sheet1工作表中输入数据,设置单元格格式,按图4-4-11所示,将Sheet1工作表的内容复制到Sheet2及Sheet3工作表中。

公司员工工资统计表

姓名	性别	学历	职务	基本工资	浮动工资	住房补助	奖金	旷工(扣除)	水电费(扣除)	总收入(元/月)
胡亮亮	男	研究生	总经理	2000	1600	350	500	35	10	
何小丽	女	大专	业务员	1250	1100	200	260	0	11	
李一洋	男	中专	业务员	1100	1000	200	210	0	15	
李晓波	男	大本	业务主管	1600	1400	280	340	50	15	
钱文娟	女	大专	项目经理	1500	1360	220	310	50	10	
杨玉婷	女	大专	经理秘书	1300	1200	200	280	15	12	
赵国艳	女	大专	业务员	1270	1100	200	250	35	17	
张清	女	大本	会计	1500	1400	270	300	50	15	
李利权	男	中专	业务员	1100	1000	200	200	10	15	
高明	女	中专	保洁	800	500	100	180	10	10	
平均值										

图4-4-11 公司员工工资统计表

2.在Sheet1中利用公式分别计算出每人每月的总收入、各项目的平均值,如图4-4-12所示。

公司员工工资统计表

姓名	性别	学历	职务	基本工资	浮动工资	住房补助	奖金	旷工(扣除)	水电费(扣除)	总收入(元/月)
胡亮亮	男	研究生	总经理	2000	1600	350	500	35	10	4405
何小丽	女	大专	业务员	1250	1100	200	260	0	11	2799
李一洋	男	中专	业务员	1100	1000	200	210	0	15	2495
李晓波	男	大本	业务主管	1600	1400	280	340	50	15	3555
钱文娟	女	大专	项目经理	1500	1360	220	310	50	10	3330
杨玉婷	女	大专	经理秘书	1300	1200	200	280	15	12	2953
赵国艳	女	大专	业务员	1270	1100	200	250	35	17	2768
张清	女	大本	会计	1500	1400	270	300	50	15	3405
李利权	男	中专	业务员	1100	1000	200	200	10	15	2490
高明	女	中专	保洁	800	500	100	180	10	10	1560
平均值				1342	1166	222	283	24.5	12.5	2976

图4-4-12 计算每月总收入及各项平均值

3.在Sheet2工作表中,按"学历"字段,对"基本工资""浮动工资""住房补助"字段进行求平均值汇总,如图4-4-13所示。

公司员工工资统计表

姓名	性别	学历	职务	基本工资	浮动工资	住房补助	奖金	旷工(扣除)	水电费(扣除)	总收入(元/月)
李晓波	男	大本	业务主管	1600	1400	280	340	50	15	3555
张清	女	大本	会计	1500	1400	270	300	50	15	3405
		大本 平均值		1550	1400	275				
何小丽	女	大专	业务员	1250	1100	200	260	0	11	2799
钱文娟	女	大专	项目经理	1500	1360	220	310	50	10	3330
杨玉婷	女	大专	经理秘书	1300	1200	200	280	15	12	2953
赵国艳	女	大专	业务员	1270	1100	200	250	35	17	2768
		大专 平均值		1330	1190	205				
胡亮亮	男	研究生	总经理	2000	1600	350	500	35	10	4405
		研究生 平均值		2000	1600	350				
李一洋	男	中专	业务员	1100	1000	250	210	0	15	2495
李利权	男	中专	业务员	1100	1000	200	200	0	10	2490
高明	女	中专	保洁	800	500	100	180	10	10	1560
		平均值		1407.69231	1219.23077	234.6153846	283	24.5	12.5	2976
		中专 平均值		1101.92308	929.807692	183.6538462				
		总计平均值		1347.97203	1170.83916	223.1468531				

图4-4-13 员工工资分类汇总

4.利用Sheet3工作表中的数据,在Sheet3工作表中创建一个"三维簇状柱形图",如图4-4-14所示。

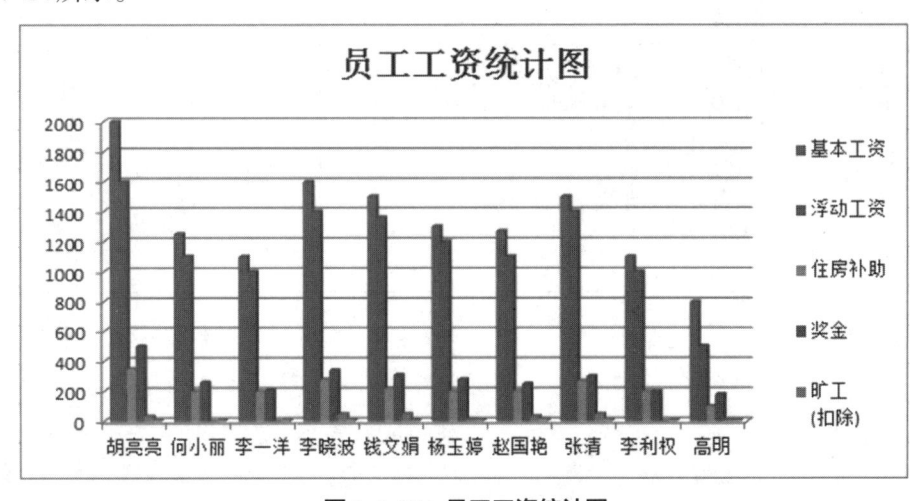

图4-4-14 员工工资统计图

177

5.以Sheet1工作表的数据为依据,在Sheet4工作表中,以"性别"为分页字段,"职务"为列标签,"学历"为行标签,以"基本工资"为求和项,建立数据透视表,如图4-4-15所示。

性别	(全部)							
求和项:基本工资	列标签							
行标签	保洁	会计	经理秘书	项目经理	业务员	业务主管	总经理	(空白)	总计
大本		1500				1600			3100
大专			1300	1500	2520				5320
研究生							2000		2000
中专	800				2200				3000
(空白)								1342	1342
总计	800	1500	1300	1500	4720	1600	2000	1342	14762

图4-4-15　基本工资透视表

任务评价

评价内容	评价标准	分值	学生自评	老师评估
数据分类汇总、高级筛选及数据透视表的概念	理解分类汇总、高级筛选及数据透视表的概念	20		
数据分类汇总、高级筛选及数据透视表的操作方法	掌握分类汇总、高级筛选及数据透视表的操作方法	30		
数据统计与分析	能利用数据分类汇总、高级筛选及数据透视表等功能进行数据统计与分析	40		
情感评价	具备分析问题、解决问题的能力	10		
学习体会				

项目五

PowerPoint 演示文稿

PowerPoint 2010是Microsoft公司推出的office2010系列产品之一，是一个专门制作演示文稿的软件，利用它可以将文字、图形、动画、声音和视频等多种媒体元素集于一体。通过该软件，使用者可以轻松地制作出风格多样的专业演示文稿，并通过计算机或者投影机进行播放。PowerPoint 2010主要用于贺卡制作、课件制作、产品发布介绍、广告宣传等。本项目主要是介绍演示文稿的创建与修饰、动画设置和播放演示文稿等内容。

知识目标

1. 了解PowerPoint 2010工作界面，能理解演示文稿和幻灯片的区别。
2. 了解幻灯片的版式以及其分类。
3. 了解幻灯片母版及其分类。

技能目标

1. 能利用PowerPoint 2010制作演示文稿。
2. 能熟练运用幻灯片的基本编辑功能制作不同效果的演示文稿。
3. 能对幻灯片版式、母版、文字格式等进行设置。
4. 能熟练运用幻灯片中的自定义动画效果、幻灯片切换效果和动作按钮功能制作内容丰富、变化多样的演示文稿。
5. 通过学习PowerPoint 2010，为自动化办公奠定基础。

情感目标

1. 培养学生良好的学习习惯和高雅的审美观。
2. 培养学生的团队协作能力。

项目五　PowerPoint 演示文稿

任务一　演示文稿的创建与修饰

任务目标

通过本任务的学习和实际操作,认识 PowerPoint 2010 的工作界面,学会启动、保存和修饰演示文稿,熟悉 PowerPoint 2010 的相关基础知识。

任务分析

对本任务做如下分解：

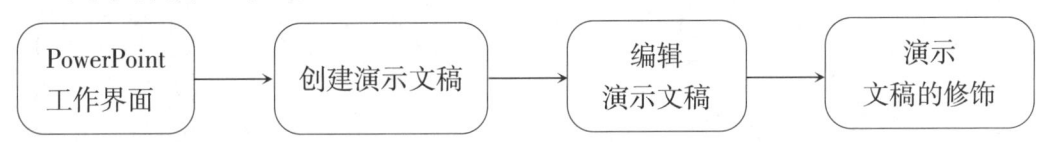

PowerPoint 工作界面 → 创建演示文稿 → 编辑演示文稿 → 演示文稿的修饰

知识储备

运用 PowerPoint 2010 软件,能够非常容易地制作出集文字、图形、音频、视频于一体感染力极强的演示文稿,被广泛应用于教学、讲座、新产品发布、会议等,直观并具有丰富的表现力。

一、PowerPoint 2010 工作界面

启动 PowerPoint 2010 后,可以看到如图 5-1-1 所示的界面。

1.编辑窗格

编辑窗格是编辑幻灯片的主要区域,在该区域可以添加文本、图片、图形、音频和视频等,还可以创建超链接或设置动画,是 PowerPoint 2010 工作界面的核心区域。

2.幻灯片/大纲窗格

用于显示演示文稿的幻灯片数量、位置及结构,利用幻灯片/大纲窗格(单击窗格上方的标签可在这两个窗格之间切换)可以快速查看和选择演示文稿中的幻灯片。

181

3.备注窗格

用于为幻灯片添加一些说明信息,如展示内容的背景、细节等,使放映者更好地掌握和了解展示内容,观众无法看到这些信息。

4.视图切换按钮

单击不同的按钮,可切换到不同的视图模式。

图5-1-1　PowerPoint 2010**工作界面**

二、幻灯片与演示文稿

1.幻灯片

幻灯片是组成演示文稿的重要元素,每张幻灯片一般包括两部分内容:幻灯片标题(用来表明主题)、若干文本条目(用来论述主题)。另外,可以插入图片、动画、音频、备注和讲义等丰富的内容,利用它能够将图表和文字都清晰、快速地呈现出来,更生动直观地表达内容。

2.演示文稿

演示文稿是PowerPoint环境中用来储存并展示多种媒体元素的文件,也就是说PowerPoint文档就是演示文稿。演示文稿由一张或若干张幻灯片组成,其扩展名为"pptx"。如果是由多张幻灯片组成的演示文稿,通常在第一张幻灯片上单独显示演示文稿的主标题,在其余幻灯片上分别列出与主题有关的子标题和文本条目。

3.幻灯片和演示文稿的关系

演示文稿中的每一页叫幻灯片,每个演示文稿中可以包含多张幻灯片,演示文稿所能包含的最大幻灯片数受内存限制。启动 PowerPoint 2010 后,软件默认一个演示文稿中包含一张幻灯片,用户可根据需求添加多张幻灯片。每张幻灯片都是演示文稿中既相互独立又相互联系的内容,通过单击窗口界面的幻灯片窗格可以在不同的幻灯片之间进行切换。

三、视图方式

PowerPoint 2010 为用户提供了普通视图、幻灯片浏览视图、备注页视图、阅读视图和幻灯片放映视图五种视图方式。单击"视图"选项卡,可进行视图方式切换,或者单击窗口右下角视图切换按钮"　　　"进行视图方式切换。

1.普通视图

普通视图是 PowerPoint 2010 的默认视图方式,可用于撰写或设计演示文稿。在普通视图下又分为"幻灯片"和"大纲"两种视图模式。

(1)单击普通视图方式下的幻灯片窗格,进入幻灯片模式,如图 5-1-2 所示。幻灯片模式是调整、修饰幻灯片的最好显示模式。在窗口界面的左边显示的是幻灯片的缩略图,在每张缩略图的前面有该张幻灯片的序列号。单击缩略图,即可在编辑窗格中显示出幻灯片的内容,可进行编辑修改。还可以拖拽缩略图,改变幻灯片的位置,调整幻灯片的播放顺序。

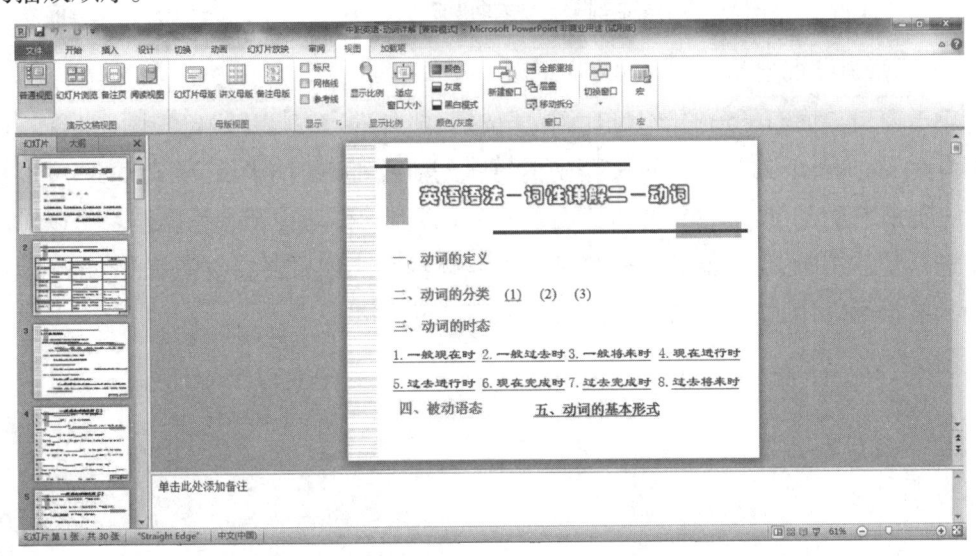

图 5-1-2 普通视图——幻灯片模式

（2）单击普通视图方式下的大纲窗格，进入大纲模式，如图5-1-3所示。在大纲窗格中可以键入演示文稿中的所有文本，大纲模式具有特殊的结构和按钮功能，更便于文本的输入、编辑和重组。选择所要编辑的幻灯片，单击右键显示快捷选单，如图5-1-4所示。利用快捷选单中的选项，可以快速重组演示文稿，包括重新排列幻灯片次序，以及幻灯片标题和层次小标题的从属关系等。

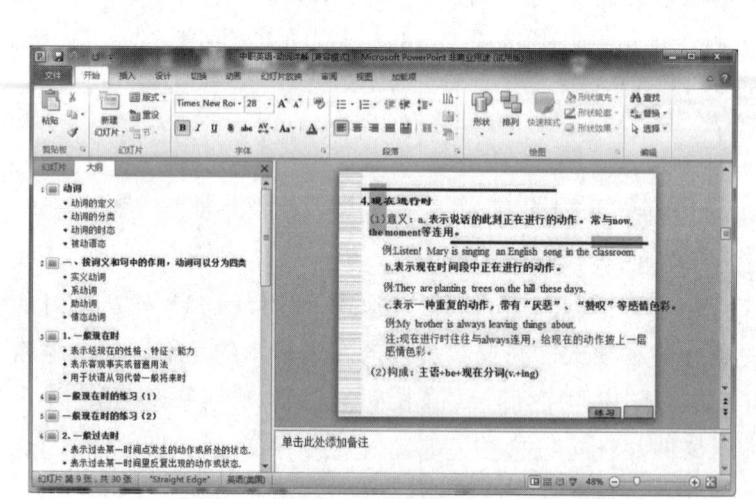

图5-1-3　普通视图——大纲模式　　　　图5-1-4　快捷选单

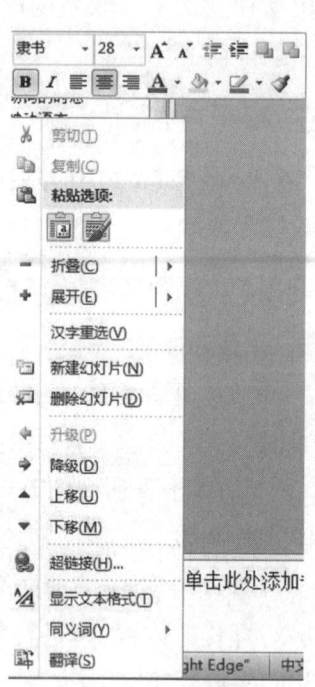

2.幻灯片浏览视图

单击窗口界面右下角的"幻灯片浏览"按钮，即可进入幻灯片浏览视图，如图5-1-5。在幻灯片浏览视图方式下，演示文稿中的每张幻灯片都以缩略图的形式显示，可以从整体上浏览所有的幻灯片效果，并可进行幻灯片的复制、移动和删除等操作。可以对演示文稿进行整体编辑，但不能编辑幻灯片中的具体内容。如果要修改幻灯片的内容，可双击选定某张幻灯片，切换到幻灯片编辑窗格后进行编辑。

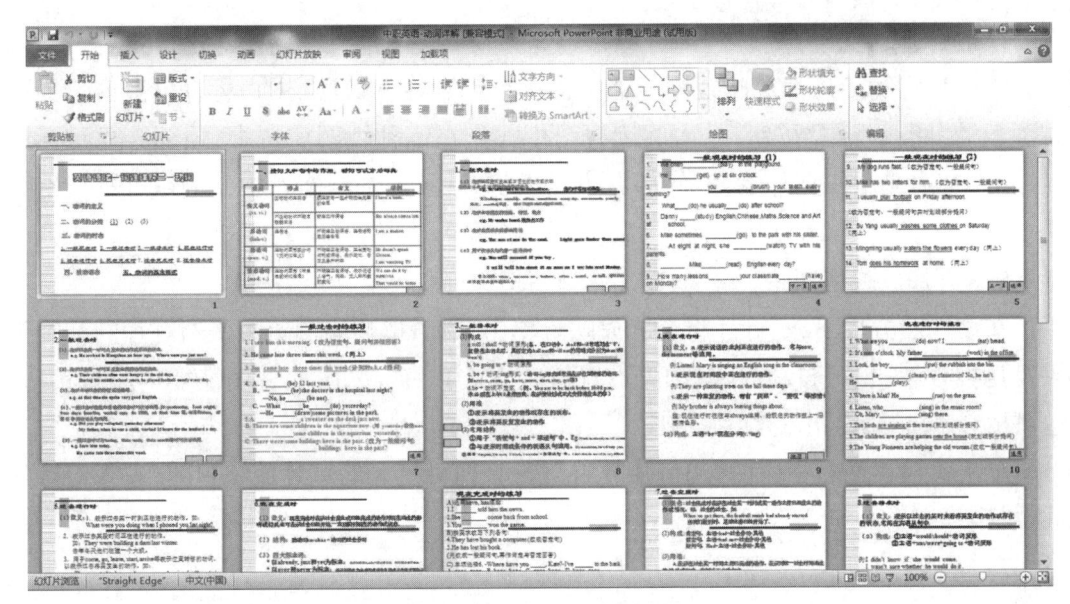

图 5-1-5　幻灯片浏览视图

3.备注页视图

要进入备注页视图，只能通过单击"视图"选项卡—"演示文稿视图"组—"备注页"选项，切换到备注页视图，如图5-1-6。备注页视图分为两个部分，上半部分是幻灯片的效果图，下半部分是文本预留区。可以一边观看幻灯片的缩略图，一边在文本预留区内输入幻灯片的备注内容。

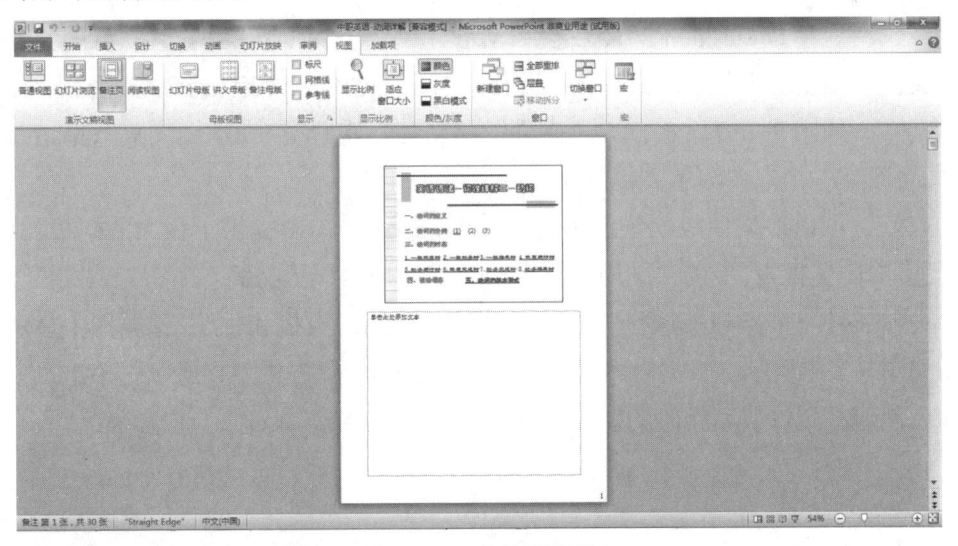

图 5-1-6　备注页视图

4.阅读视图

阅读视图和幻灯片放映视图相似,都是全屏放映幻灯片。用户可以单击窗口界面右下角的"阅读视图"按钮,进入阅读视图模式。在该种视图窗口中,顶部会显示标题栏,底部左边显示幻灯片编号,底部右边显示状态栏,点击状态栏中的按钮可进行幻灯片切换。

5.幻灯片放映视图

在该视图方式下,幻灯片将全屏放映。单击鼠标,按顺序浏览每张幻灯片的动画效果及切换效果,也可自动放映(预先设置放映方式)。放映完毕,视图恢复到原来状态,也可按Esc键中途退出幻灯片放映。

单击窗口界面右下角的"幻灯片放映"按钮,即可打开幻灯片放映视图,进入幻灯片放映状态。

任务实施

一、创建"自我介绍"的演示文稿

PowerPoint 2010本身提供了创建演示文稿的向导,用户可以根据向导完成创建工作,也可以根据需要使用或设计模板来创建演示文稿。

1.新建一个演示文稿

方法一:启动PowerPoint 2010后会自动创建一个空白演示文稿,其默认的文件名为"演示文稿1",在工作界面中按"Ctrl+N"组合键,也可创建一个空白演示文稿。

方法二:如图5-1-7所示,单击"文件"—"新建",选择"空白演示文稿",单击"创建"按钮即可新建一个空白演示文稿。

方法三:可以根据模板创建演示文稿。PowerPoint 2010提供了强大的模板功能,增加了更多的内置模板,能够帮助用户创建出风格各异的演示文稿。

单击"文件"—"新建",选择"样本模板",在"可用的模板和主题"预览框中显示模板外观,如图5-1-8所示。根据内容需要选择模板,如选择"古典型相册"后,单击"创建"按钮,即可创建一个古典型相册的模板。

项目五　PowerPoint 演示文稿

图5-1-7　通过"文件"选单新建演示文稿

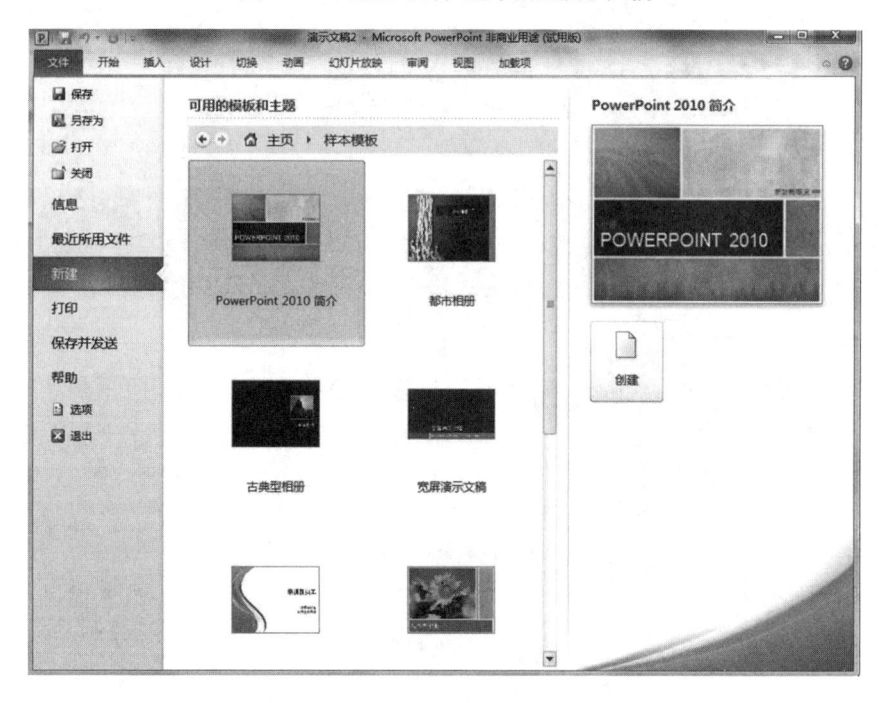

图5-1-8　"可用的模板和主题"选择

2.保存演示文稿

方法一:单击快速存取工具栏的"保存"按钮,即可弹出"另存为"对话框,如图5-1-9所示。在对话框中选择保存路径为"桌面",在"文件名"栏中输入要保存的文件名"自我介绍",选择保存类型为"PowerPoint演示文稿(*.pptx)",单击"保存"按钮。

方法二:直接在PowerPoint 2010工作界面按"Ctrl+S"组合键,也可以打开"另存为"对话框进行演示文稿的保存。

方法三:单击"文件"—"保存",也可对演示文稿进行保存。

图5-1-9　保存演示文稿

小贴士

大家记住,选择"保存"命令,只有首次保存时,才能打开"另存为"对话框,如果已经有过保存操作,再选择"保存",则是以当前路径、当前文件名进行保存。

3.打开与关闭演示文稿

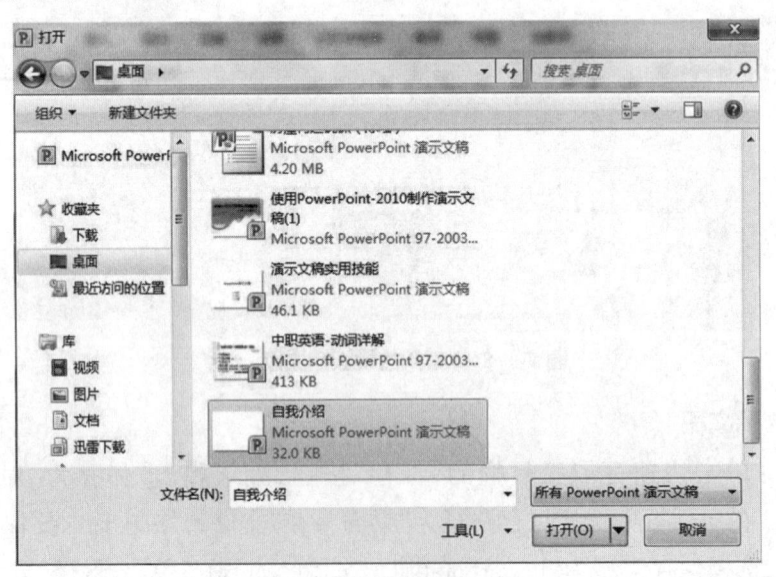

图5-1-10　打开演示文稿

(1)打开演示文稿"自我介绍.pptx"。

①启动 PowerPoint 2010 后,单击"文件"选项卡,在下拉选单中选择"打开"。

②随即弹出"打开"对话框,从中选择要打开的演示文稿,单击对话框右下角"打开"按钮即可打开该演示文稿,如图5-1-10所示。

(2)关闭演示文稿。

打开演示文稿后,若不需要对其进行操作则可以将其关闭。关闭演示文稿的方法有三种。

方法一:单击标题栏最右侧的"关闭"按钮,退出 PowerPoint 2010。

方法二:单击"文件",在下拉选单中选择"关闭"。

方法三:双击演示文稿窗口左上角的控制选单图标。

4.输入与编辑文本

打开"自我介绍.pptx",在普通视图编辑窗格中,可以看到两个虚线框,这两个虚线框称为占位符,如图5-1-11所示。占位符是 PowerPoint 为一些对象,如幻灯片标题、文本、图表、表格、剪贴画等预留的位置。空白演示文稿创建以后,我们首先输入文本并进行编辑。输入文本的方法有两种。

方法一:在占位符中输入文本。

(1)点击"单击此处添加标题"虚线框,初始显示的文字会消失,同时在占位符内部会显示一个闪烁的光标,即插入点。

(2)输入文字内容"自我介绍"。在"开始"选项卡的"字体"组中将字号设置为"88",字体设置为"华文新魏",颜色设为"标准色"的红色。如图5-1-12所示。

(3)输入完毕后单击占位符外的任意位置可退出文本编辑状态,如图5-1-12所示。

图5-1-11　占位符

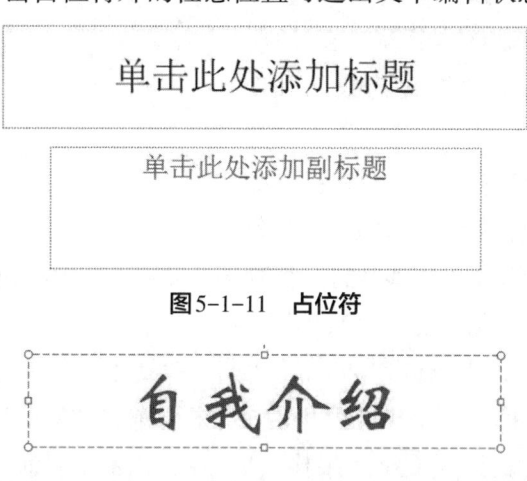

图5-1-12　在占位符中输入文本

方法二：在文本框中输入文本。

如果想要在占位符以外的位置输入文本，就可以利用文本框来实现。我们可以对文本框中的文本进行字体、字号等多种格式的设置，也可任意调整文本框的位置和大小。

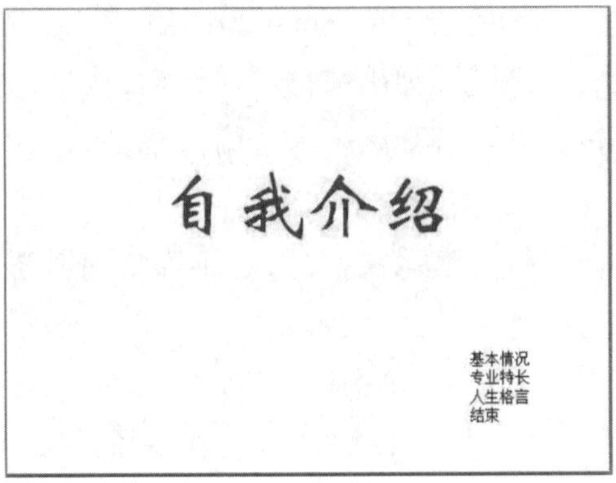

(1)单击"插入"选项卡—"文本"组—"文本框"选项，在弹出的下拉选单中选择"横排文本框"或"竖排文本框"。我们选择"横排文本框"。

(2)在幻灯片的右下角按住鼠标左键拖拽出一个方框，确认文本框的宽度后释放鼠标左键，即可在闪烁的插入点处开始输入内容，如图5-1-13所示。

图5-1-13　幻灯片1

(3)输入、编辑完成后，点击文本框外的空白处即可。

通过以上两种方式都可以完成对幻灯片文本内容的编辑，但是占位符中可以包含任何可能的内容，如文字、图片、表格、图表、SmartArt图形等，而文本框中只能包含文字。

5.添加幻灯片

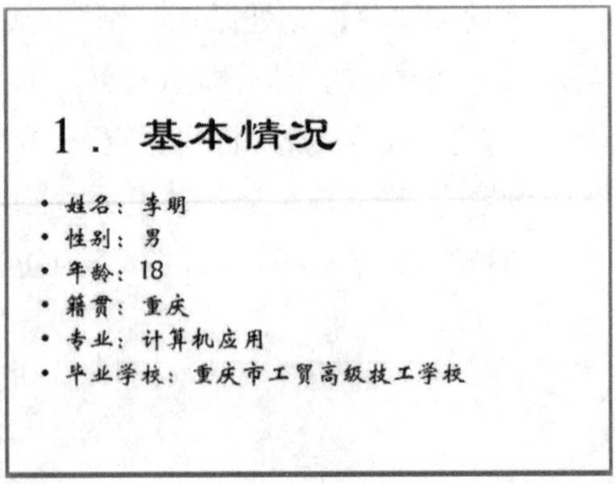

(1)在幻灯片/大纲窗格中的空白位置单击鼠标右键，在弹出的快捷选单中选择"新建幻灯片"。在新建的幻灯片的标题占位符中输入"1.基本情况"，字号设置为"60"，字体设置为"隶书"。在文本占位符中输入姓名、性别、年龄、籍贯、专业、毕业学校等内容，字号设置为"28"，字体设置为"华文新魏"，如图5-1-14所示。

图5-1-14　幻灯片2

(2)在幻灯片/大纲窗格中点击第三张幻灯片的下方的位置，单击"开始"选项卡中"新建幻灯片"选项的下拉按钮，在弹出的模板列表中选择"标题和内容"，用同样的方式输入标题文本，字体和字号参照幻灯片1，如图5-1-15所示。

(3)新建第四张幻灯片，点击"插入"选项卡—"文本"组—"艺术字"选项的下拉按钮，在列表中选择第六排第三个。在弹出的文本框中输入"谢谢"。右键点击文本框，在弹出的快捷选单中单击"设置文字效果格式"。在弹出的对话框中，单击"三维旋转"—

"预设"下拉按钮,选择"平行"组第二排第二个,完成本张幻灯片的设置,如图5-1-16所示。

(4)新建第五张幻灯片,输入文本内容,并参照"幻灯片2"的格式进行设置。如图5-1-17所示。

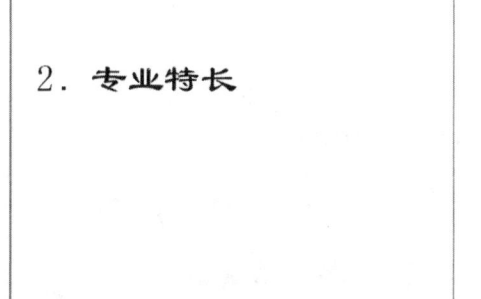

图5-1-15　幻灯片3　　　　　　图5-1-16　幻灯片4

图5-1-17　幻灯片5

6.移动幻灯片

移动幻灯片可以利用"开始"选项卡中的"剪切"和"粘贴"选项完成。除此之外,还可以通过鼠标实现移动幻灯片的操作,具体方法如下:

在幻灯片/大纲窗格中,选中第四张幻灯片,按下鼠标左键拖拽幻灯片至第五张幻灯片后,即完成幻灯片的移动。

小贴士

对于不需要的幻灯片可以将其删除,删除幻灯片的方法很简单,在幻灯片/大纲窗格中右键单击需要删除的幻灯片,在弹出的快捷选单中选择"删除幻灯片"即可。也可按Backspace键或Delete键即可删除。

二、编辑演示文稿"自我介绍.pptx"

初步制作出来的幻灯片想要达到更具规范性和吸引力,就需要经过编辑处理,使其具有一定的格式,如视效、外观、背景、声音等,使演示文稿能更直观地表现需要传达的信息。

1.插入图片

(1)选择幻灯片2,单击"插入"选项卡—"图像"组—"图片"选项,打开"插入图片"对话框,如图5-1-18所示。

(2)在对话框中选择图片"登记照",单击"插入"按钮,即可插入图片。

(3)拖动图片至合适的位置并调整大小,如图5-1-19所示。

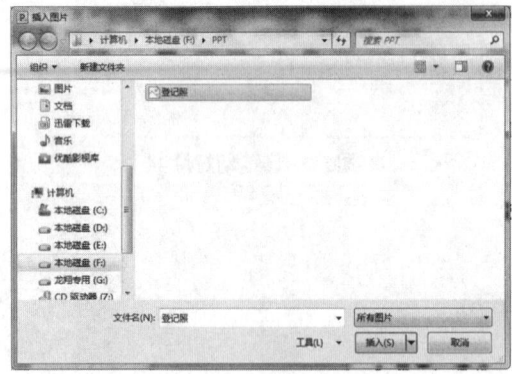

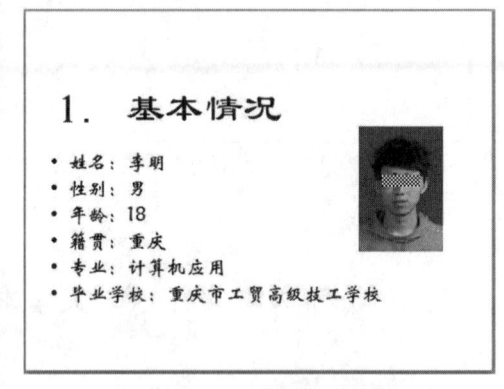

图5-1-18 "插入图片"对话框

图5-1-19 插入图片的幻灯片2

2.插入表格

(1)选择幻灯片3,单击"插入"选项卡中的"表格"选项,在下拉选单中选择"插入表格",如图5-1-20所示。

(2)在弹出的"插入表格"对话框中,将列数设置为"3",行数设置为"3",单击"确定"按钮,如图5-1-21所示,即可在幻灯片编辑界面插入表格。

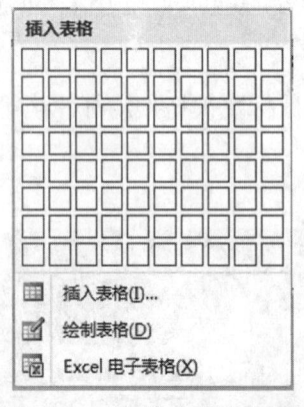

图5-1-20 "插入表格"下拉选单

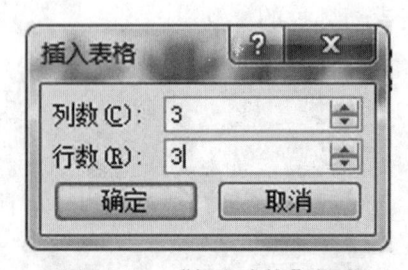

图5-1-21 "插入表格"对话框

(3)在表格内输入相应文本,字体为"华文新魏",字号为"28",如图5-1-22所示。

图5-1-22　在表格中输入文本

3.插入剪贴画

(1)选择幻灯片4,单击"插入"选项卡—"图像"组—"剪贴画"选项,在窗口界面右侧即可打开"剪贴画"任务窗格。

(2)在"搜索文字"框中输入"帆船",单击"搜索"按钮,系统自动搜索,并在对话框中展示出与输入文字相关的图片,如图5-1-23所示。

(3)单击第一张剪贴画的下拉按钮,在弹出的下拉选单中单击"插入",即可插入该图片。

(4)拖动图片至合适的位置并调整大小,如图5-1-24所示。

图5-1-23　搜索到相关图片　　　　图5-1-24　幻灯片4

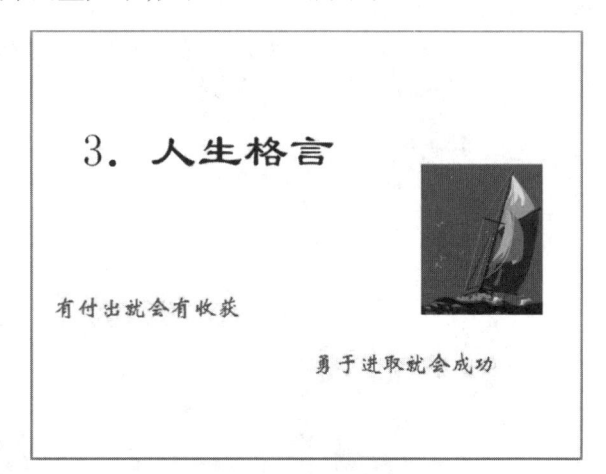

4.添加日期、页脚和页码

(1)单击"插入"选项卡—"文本"组—"页眉和页脚"选项。

(2)在弹出的对话框中,勾选"日期和时间",点击"固定",在方框内输入"2017年2月18日";勾选"幻灯片编号""页脚",并在"页脚"下方框内输入"自我介绍　李明";最后勾选"标题幻灯片中不显示"。如图5-1-25所示。

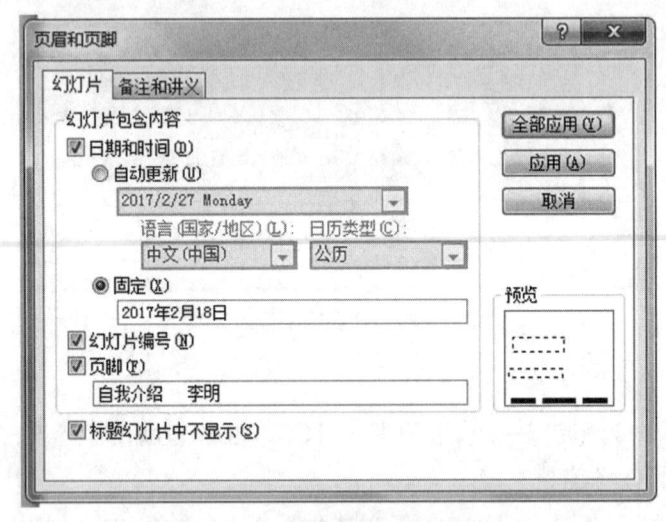

图5-1-25 "页眉和页脚"对话框

(3)点击对话框右上方"全部应用"按钮,即完成日期、页脚和页码的插入。

5.添加声音

(1)选择幻灯片5,单击"插入"选项卡—"媒体"组—"音频"选项,弹出"插入音频"对话框,如图5-1-26所示。

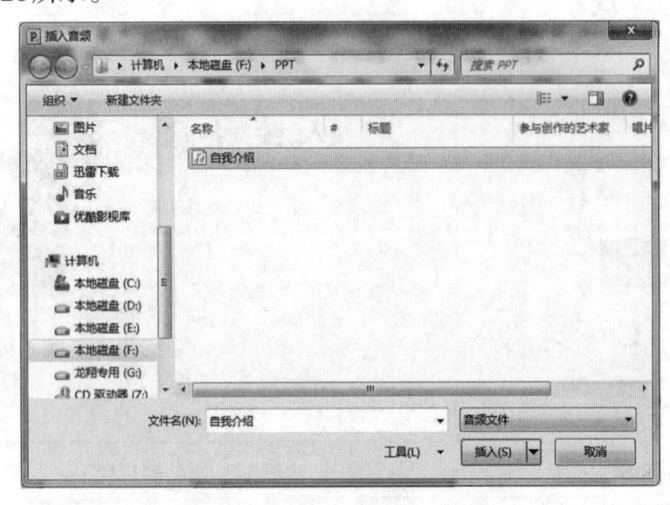

图5-1-26 "插入音频"对话框

(2)在对话框中选择音频"自我介绍",单击"插入"按钮,系统将在幻灯片中间位置添加一个声音图标,拖动图标至幻灯片右下角并调整大小,如图5-1-27所示。

图5-1-27　添加音频

(3)单击右下角"声音"图标后,自动出现"格式"和"播放"两个子选项卡。单击"播放"选项卡—"音频选项"组—"音量"选项按钮,选择音量为"中",设置音频放映开始方式为"自动"。单击"预览"组中的"播放"选项按钮试听声音。

6.插入超链接

(1)选择幻灯片1,拖动鼠标选中文本"基本情况",单击"插入"选项卡—"链接"组—"超链接"选项,打开"插入超链接"对话框。

(2)在对话框中点击"本文档中的位置"选项,选中幻灯片2"1.基本情况",单击"确定"按钮,即可完成超链接,如图5-1-28所示。

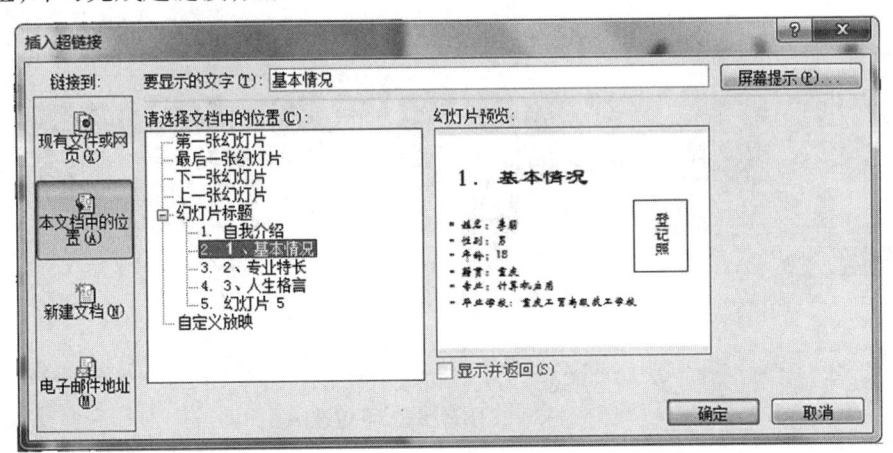

图5-1-28　"超链接"对话框

(3)完成超链接后,文本"基本情况"以下划线方式显示。以同样的方式,将文本"专业特长""人生格言"和"结束"分别与幻灯片3、幻灯片4、和幻灯5进行链接,如图5-1-29所示。

图5-1-29　插入超链接

三、演示文稿的修饰

精美多彩的外观是演示文稿能够吸引注意力的重要因素,掌握演示文稿的外观设置,能使演示文稿更具吸引力和感染力。

1.应用主题

(1)单击"设计"选项卡—"主题"组的下拉按钮,在弹出的"所有主题"选单中,可以查看所有可用的文档主题,如图5-1-30所示。

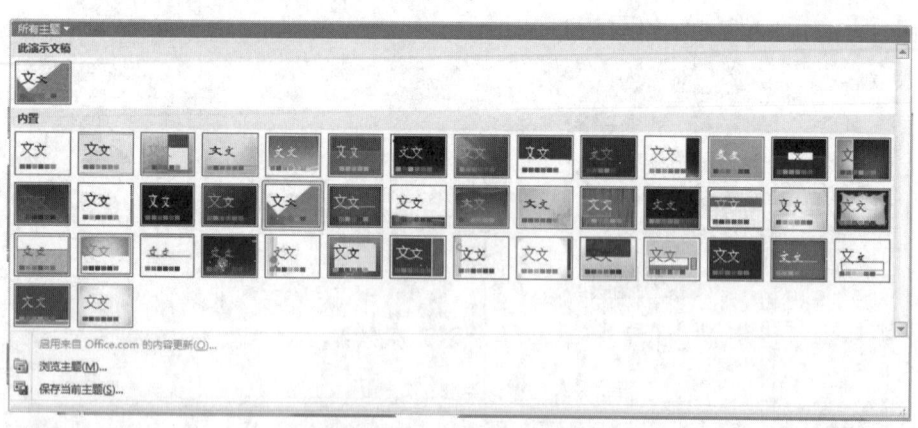

图5-1-30　"所有主题"下拉选单

(2)选第二排第五个主题——"角度",单击图标即可将主题加载进幻灯片,如图5-1-31所示。

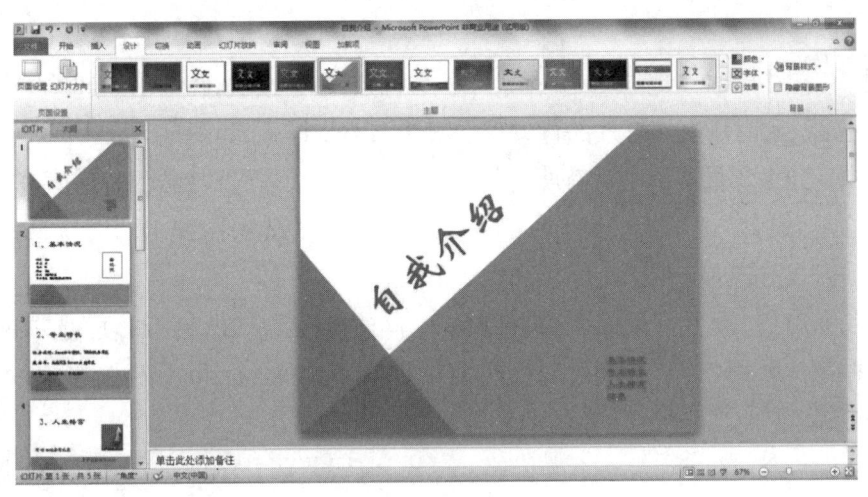

图5-1-31 "角度"主题幻灯片

2.制作母版

(1)单击"视图"选项卡—"母版视图"组—"幻灯片母版"选项,在界面窗口的左边,单击鼠标左键选择"标题和内容版式 由幻灯片2-5使用"。

(2)将幻灯片编辑窗格下方"日期"和"页脚"的文本字号改为"16",文字颜色改为"红色"。

(3)在幻灯片编辑窗格中插入图片"校徽",拖动图片至合适的位置并调整大小,如图5-1-32所示。

(4)单击"幻灯片母版"选项卡的"关闭母版视图"按钮,即可完成母版的设置。

浏览全部幻灯片,用户可看到除第一张幻灯片外,其余幻灯片都自行添加了图片"校徽",日期和页脚的文本也已做了相应的修改。

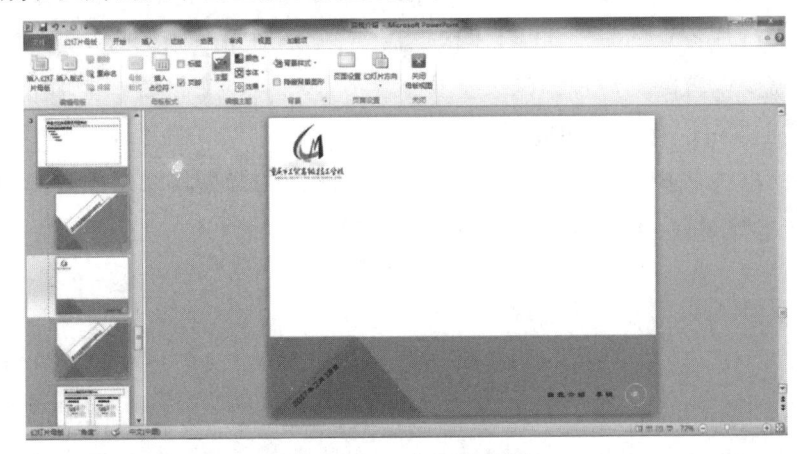

图5-1-32 幻灯片母版

3.设置背景

方法一:点击"设计"选项卡—"背景"组—"背景样式"按钮,在弹出的选单中单击要更换的背景样式,此时所有幻灯片的背景都会应用该背景样式,如图5-1-33所示。

方法二:如果背景选单中没有所需的选项,可打开"设置背景格式"对话框进行设置。

(1)单击"设计"选项卡—"背景"组—"背景样式"按钮,在弹出的背景选单中单击"设置背景格式"按钮。

(2)在弹出的"设置背景格式"对话框中,单击"填充"按钮,在"纹理"选项的下拉选单中,选择第三排第三个"新闻纸",点击对话框右下角的"全部应用"按钮,即可为所有幻灯片设置该背景,如图5-1-34所示。

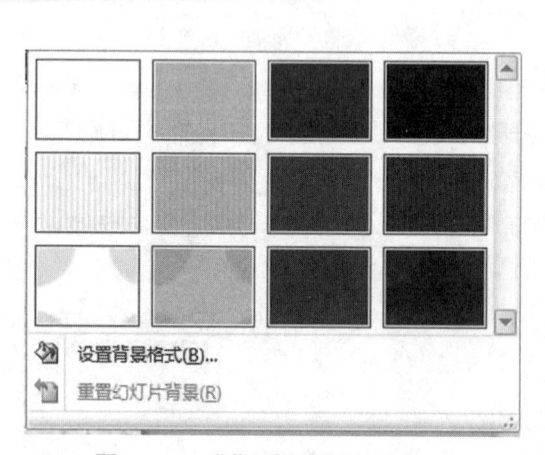

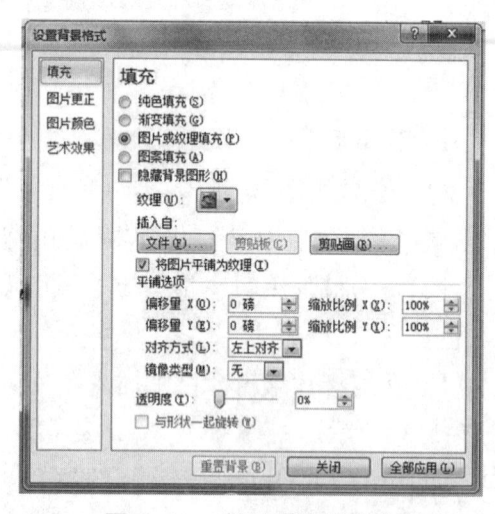

图5-1-33 "背景样式"下拉选单　　图5-1-34 "设置背景格式"对话框

(3)单击对话框"关闭"按钮,退出对话框,并浏览全部幻灯片。

在设置幻灯片背景的时候,也可以根据需要,分别对每一张幻灯片进行不同的背景设置。选择需要设置的幻灯片,在"设置背景格式"对话框中,设置好要填充的图案或纹理,单击对话框"关闭"按钮即可完成。

若在对话框中选择"隐藏背景图形"复选框,设置的背景将覆盖幻灯片母版中的图形、图像和文本等对象,也将覆盖主题中自带的背景。

小贴士

"设置背景格式"对话框中各填充类型的作用如下。

(1)纯色填充:用来设置纯色背景,可设置所选颜色的透明度。

(2)渐变填充:选择该单选按钮后,可通过选择渐变类型,设置色标等来设置渐变填充。

(3)图片或纹理填充:选择该单选按钮后,若要使用纹理填充,可单击"纹理"右侧的按钮,在弹出的选单中选择一种纹理即可。

(4)图案填充:用来设置图案填充。设置时,只需选择需要的图案,并设置图案的前背景色即可。

任务拓展

1.以端午节为主题制作一张电子贺卡送给朋友。主要练习新建演示文稿、插入图片、编辑文本及演示文稿的保存。要求如下:

(1)插入图片,图片内容体现端午节日气氛;

(2)输入祝福语;

(3)制作完成以"端午节祝福"为名,保存在"D:\ My Documents\ PowerPoint"路径。

2.制作学校简介演示文稿,要求如下:

(1)文字一定配合图片;

(2)设置美观的文字效果,如字体、字号、文字颜色;

(3)插入一段优美的背景音乐;

(4)采用一种主题;

(5)运用母版插入学校logo;

(6)制作完成以"校园简介"为名,保存在"D:\My Documents\PowerPoint"路径。

计算机实用技能

任务二　动画设置

任务目标

通过本次任务的学习和实际操作,掌握设置切换效果和动画效果的方法和技巧,能够为不同的原始文稿设置不同的播放特效,能使演示文稿充分且精彩地展示所包含的内容。

任务分析

本次任务分解如下：

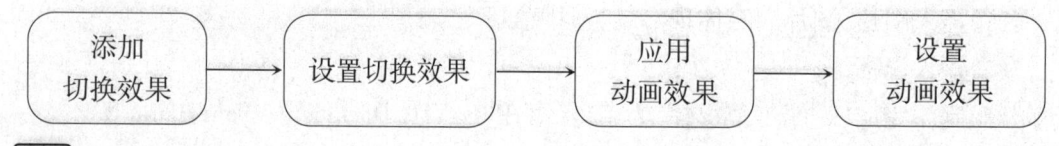

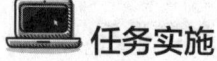

添加切换效果 → 设置切换效果 → 应用动画效果 → 设置动画效果

任务实施

在 PowerPoint 2010 中,将幻灯片切换动画和对象动画这两类动画分离出来,各自放在不同的选项卡中。默认情况下,我们在放映幻灯片时,单击鼠标就会直接跳到下一张去,缺乏吸引力和视觉效果。通过添加切换效果,我们可以使幻灯片之间的过渡更加丰富、精彩。对于幻灯片切换动画而言,用户既可以为不同幻灯片设置互不相同的切换动画,也可以为演示文稿中的所有幻灯片设置统一的切换动画。

一、添加切换效果

(1)打开演示文稿"自我介绍.pptx"。

(2)选中要进行设置的幻灯片,单击"切换"选项卡—"切换到此幻灯片"组的下拉按钮。PowerPoint 2010 提供了 34 种内置的幻灯片切换动画,可以为幻灯片之间的过渡设置丰富的切换效果,如图 5-2-1 所示。选择"细微型"组的"推进"动画,为幻灯片设置切换动画。

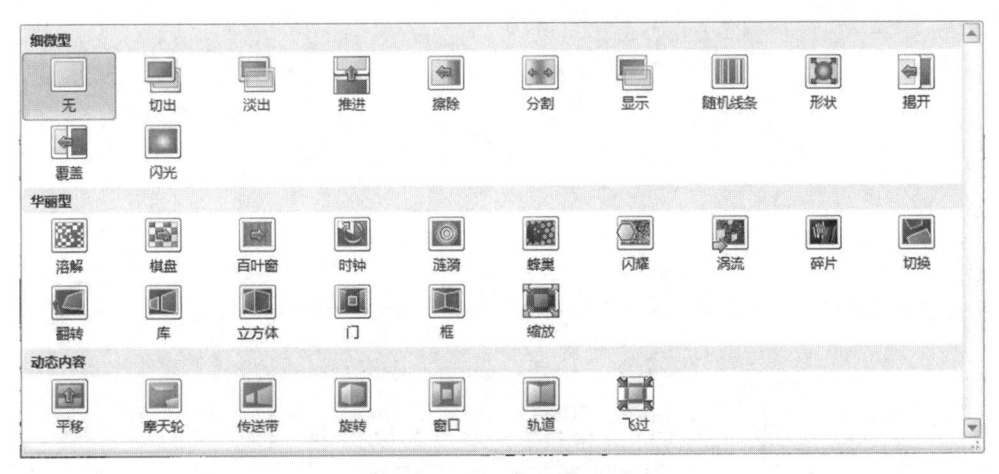

图5-2-1 幻灯片切换动画

(3)单击"切换"选项卡中的"效果选项",在下拉选单中选择"自左侧"效果,"推进"动画效果就会从幻灯片的左侧展现。

(4)在"切换"选项卡"计时"组中,将声音设置为"风铃",持续时间设为"02.00",换片方式为"单击鼠标时"。最后单击"全部应用"按钮,即可为所有幻灯片均设置相同的切换效果。

设置完成后,用户可以单击功能区中的"切换"选项卡—"预览"组—"预览"选项,播放动画效果以观察其是否符合要求。

在制作演示文稿时,如想提高演示文稿的趣味性,还可为幻灯片分别设置不同的切换效果。只需选择想要设置的幻灯片,在"切换"选项卡中,依次设置自己想要的切换动画即可。如果希望去掉幻灯片中已设置好的切换动画和音效,只需在"切换"选项卡—"切换到此幻灯片"组—选择"无"选项,去除切换时的动画效果;在"计时"组中"声音"的下拉选单中选择"无声音"选项,去除切换时的声音效果。

二、自定义动画效果

1.应用动画效果

在PowerPoint 2010中已默认了一些动画方案供用户选择,用于设置对象在幻灯片放映时的显示方式。

(1)选择幻灯2中的图片"登记照"。

(2)单击"动画"选项卡—"动画"组—"添加动画"选项,在弹出的下拉选单中选择"进入"组的"浮入",如图5-2-2所示。

图5-2-2 动画选单

如果想为同一个对象添加多个动画效果,只要设置好一个动画后,用同样的方式继续为该对象添加其他动画效果即可。当为同一对象设置多个动画效果后,可以看到该对象左侧会有多个顺序编号的动画标记,标记是根据添加动画效果的顺序自动添加的。

2.设置动画效果

PowerPoint 2010的动画设置方式和以前版本有很大的区别,同时也增加了丰富多彩的动作路径,让演示文稿设计者能发挥更大的创意。

(1)选择幻灯片3中的表格,设置动画效果为"轮子"。

(2)单击"动画"组中的"效果选项"按钮,在下拉选单中,选择"2轮辐图案"。

(3)单击"高级动画"组中的"动画窗格"按钮,在弹出的"动画窗格"对话框中单击右侧的下拉按钮。在弹出的下拉选单中,点击"从上一项之后开始"。

(4)在"动画窗格"对话框中单击"计时"按钮,在弹出的对话框中,将"延迟"设置为"0.5"秒,"期间"设置为"慢速(3秒)","重复"设置为"无",单击"确定"即可。如图5-2-3所示。

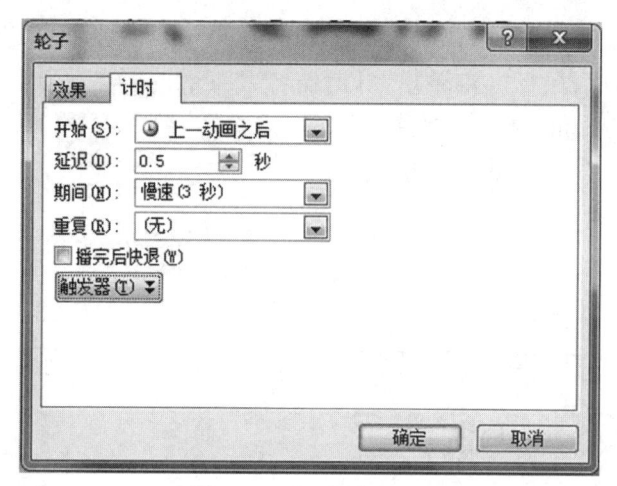

图5-2-3 "计时"对话框

如果不再需要选中的动画效果,可打开"动画窗格"对话框的下拉选单,单击"删除"按钮。或选中要删除的动画效果直接按Delete键进行删除。

任务拓展

1.PowerPoint制作小汽车移动的动画实例。

(1)准备素材:城市公路图(如图5-2-4所示)、小汽车图(如图5-2-5所示)。(小汽车图最好用图片处理软件抠去背景。)

图5-2-4 城市公路图　　　图5-2-5 小汽车图

(2)运行PowerPoint 2010,新建一空白幻灯片,执行"设计-背景样式-设置背景格式-图片或纹理填充"命令插入文件"城市公路图"作为背景。然后执行"插入-图片"命令插入"小汽车图",调整好大小比例,将"小汽车图"移至图上"A"的位置。

(3)创建动画效果:鼠标左键选定"小汽车图",执行"动画-添加动画"命令,在"添加动画"的下拉选单中选择"动作路径"组的"转弯"。然后用鼠标调整路径的位置和大小,将它拉成从"A"点到"B"点的弧形。

203

(4)设置动画:用鼠标左键在"自定义动画"窗格中双击刚才创建的"向下转动画",打开"向下转"对话框,鼠标左键单击"计时",把其下的"开始"类型选为"单击时",速度选为"非常慢(5秒)",如图5-2-6所示。

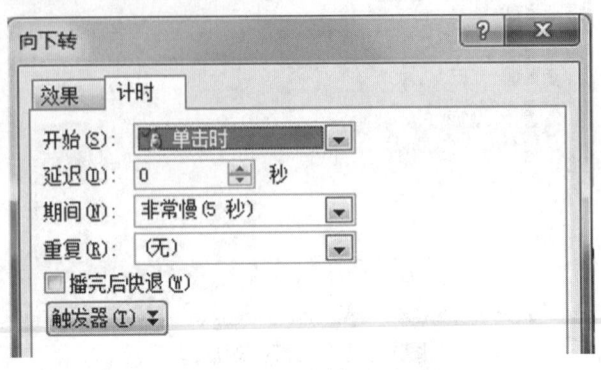

图5-2-6 "向下转"对话框

(5)动画完成,执行"幻灯片放映-从当前幻灯片开始",我们的"小汽车"就能开动了!

2.PowerPoint制作月球围绕地球飞行动画实例。

(1)准备素材:星空图(如图5-2-9所示)、地球图(如图5-2-7所示)和月球图(如图5-2-8所示)。(地球图和月球图最好用图片处理软件抠去背景。)

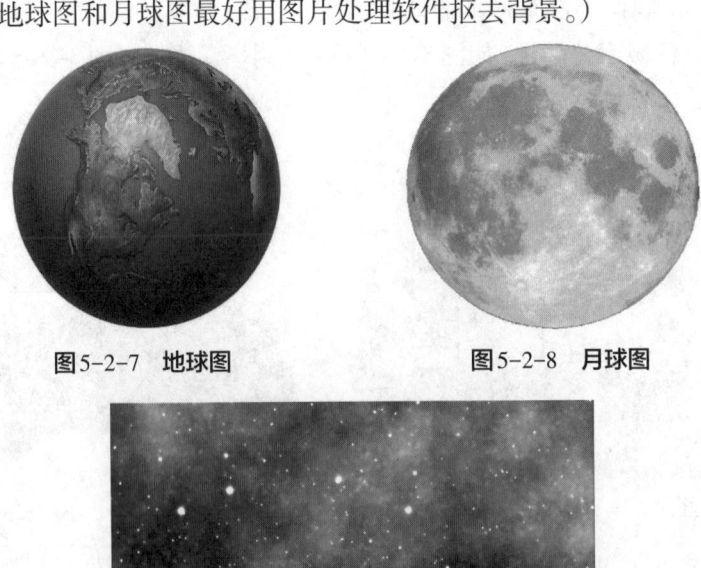

图5-2-7 地球图   图5-2-8 月球图

图5-2-9 星空图

(2)运行PowerPoint 2010,新建一空白幻灯片,执行"设计-背景样式-设置背景格式-图片或纹理填充"命令插入文件"星空图"作为背景。然后执行"插入-图片"命令依次插入"地球图"和"月球图",调整好大小比例和位置。

(3)创建动画效果:鼠标左键选定"月球图"执行"动画-添加动画"命令,在"添加动画"的下拉选单中选择"其他动作路径"在"基本"类型中选择"圆形扩展"命令。然后用鼠标通过六个控制点调整路径的位置和大小。把它拉成椭圆形,并调整到合适的位置。

(4)设置动画:用鼠标左键在"自定义动画"窗格中双击刚才创建的"圆形扩展动画",打开"圆形扩展"对话框,鼠标左键单击"计时",把其下的"开始"类型选为"与上一动画同时",速度选为"慢速(3秒)",重复选为"直到幻灯片末尾",如图5-2-10所示。这样"月球"就能周而复始地一直自动绕"地球"飞行了。

图5-2-10 "圆形扩展"对话框

(5)绘制运行轨道线:执行"插入-形状"命令,在"形状"下拉选单中,选择插入"基本形状"组中的"椭圆",调整其大小和位置,让它与"圆形扩展动画"路径重合,再设置其"填充颜色"为"无填充颜色",为线条设置自己喜欢的颜色和粗细。最后鼠标右键单击"椭圆图形",执行"置于底层-下移一层"命令,让"卫星"在它的上面沿轨道绕行。

(6)环绕处理:复制粘贴"地球图",让它与刚才插入的"地球图"完全重合。右键单击刚才粘贴的"地球图"执行"设置图片格式-剪裁"命令,从下往上裁剪刚才复制的"地球图"到适合的大小,使得产生"月球从地球正面绕到背面"的效果。

(7)动画完成,执行"幻灯片放映-观看放映",我们的"月球"能绕"地球"飞行了!

任务三 放映和打包演示文稿

任务目标

通过本次任务的学习和实际操作,掌握设置放映方式和打包演示文稿的方法和技巧,使演示文稿能够充分且精彩地展示所包含的内容,能熟练地将制作完成的演示文稿打包并在其他计算机上放映。

任务分析

本次任务分解如下:

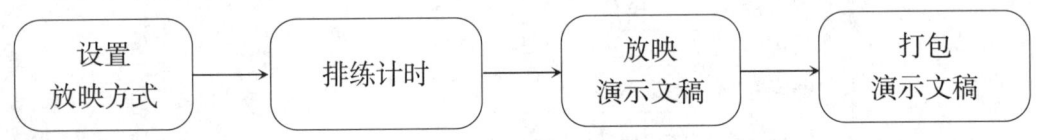

设置放映方式 → 排练计时 → 放映演示文稿 → 打包演示文稿

知识储备

在设置幻灯片放映时,PowerPoint 2010 为我们提供了 3 种不同的方式放映幻灯片,以及更为详细的设置功能。

一、放映类型

可以在此选项组中指定演示文稿的放映方式。

(1)演讲者放映(全屏幕):以全屏幕形式显示,放映进程完全由演讲者控制,可用绘图笔勾画,适于会议或教学等。

(2)观众自行浏览(窗口):以窗口形式演示,在该方式中不能单击鼠标切换幻灯片,但可以拖动垂直滚动条或按 PageDown、PageUp 键进行控制,适用于人数少的场合。

(3)在展台浏览(全屏幕):以全屏幕形式在展台上做演示用,演示文稿自动循环放映,观众只能观看不能控制。适用于无人看管的场合。采用该方法的演示文稿应按事先预定的,或通过选择"幻灯片放映"选项卡—"设置"组—"排练计时"选项设置的时间和次序放映,不允许现场控制放映的进程。

二、放映选项

可以在此选项组中指定放映时的选项,包括循环放映时是否允许使用Esc键停止放映、放映时是否播放旁白和动画等。

三、放映幻灯片

可以在选项组中设置要放映的幻灯片的范围。如果已经设置了自定义放映,可以通过单击"自定义放映"单选按钮,选择已经创建好的自定义放映。

四、换片方式

可以通过使用手动单击的方式切换幻灯片,也可以使用预先设置好的排练计时来自动放映幻灯片。

任务实施

动画效果、切换效果设置完成以后,一部演示文稿的制作就完成了,我们可以通过演示文稿的放映,检验制作的效果。

一、设置幻灯片放映

具体步骤如下:

(1)打开演示文稿"自我介绍.pptx"。

(2)单击"幻灯片放映"选项卡—"设置"组—"设置幻灯片放映"选项,弹出"设置放映方式"对话框。

(3)在弹出的对话框中,设置放映类型为"演讲者放映(全屏幕)",放映选项为"循环放映,按Esc键终止",放映幻灯片为"全部",换片方式为"如果存在排练时间,则使用它",最后点击"确定"按钮,退出对话框,如图5-3-1所示。

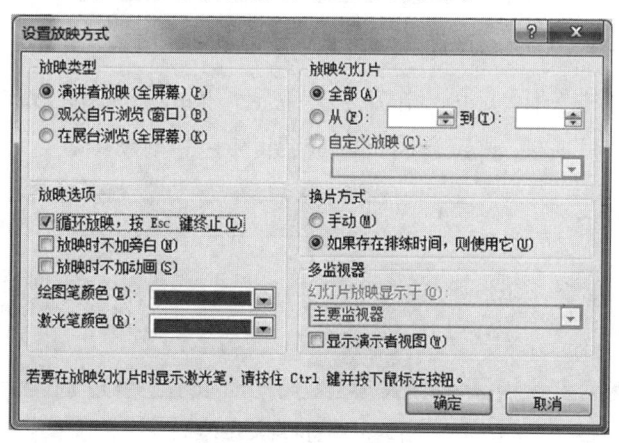

图5-3-1 设置放映方式

二、设置排练幻灯片放映时间

为了能够充分展示演示文稿并合理利用时间,用户可以利用PowerPoint的排练计时功能,根据演讲的内容设置幻灯片的播放时长。这样就可以在有限的时间内,把内容安排得很恰当,确保不发生超时或时间未用完的情况。排练幻灯片放映时间的具体操作如下:

(1)在打开的演示文稿"自我介绍.pptx"中,点击"幻灯片放映"选项卡,在"设置"组中点击"排练计时"按钮,进入幻灯片的放映状态。在界面的左上角会出现"录制"工具栏,如图5-3-2所示。该工具栏会自动显示放映的总时间和当前幻灯片的放映时间。

图5-3-2 "录制"工具栏

(2)单击工具栏中的"下一项"按钮,或在放映区域单击鼠标左键,可排练下一张幻灯片或下一项幻灯片动画效果的时间。

(3)单击工具栏中的"暂定"按钮,可暂停排练计时。在弹出的对话框中点击"继续录制"按钮,可继续排练计时,如图5-3-3所示。单击工具栏中"重复"按钮,可重新为当前幻灯片录制排练时间。

图5-3-3 暂停录制对话框

(4)如果要结束排练计时,可点击工具栏右上角的关闭按钮或按Esc键,在弹出的询问对话框中,点击"是"按钮,排练计时即完成,如图5-3-4所示。

图5-3-4 询问对话框

三、放映幻灯片

以上所有设置完成后，我们就可以放映演示文稿，预览我们的工作成果，进行放映的方法有以下几种：

方法一：单击幻灯片编辑界面右下角的"幻灯片放映"按钮。

方法二：在"幻灯片放映"选项卡中，单击"开始放映幻灯片"组中的"从头开始"按钮，系统便会自动切换到幻灯片的放映模式，并从第一张幻灯片开始放映。若想要从当前幻灯片开始放映，则单击"从当前幻灯片开始"按钮，系统便会自动切换到幻灯片的放映模式，并从当前幻灯片开始放映。

方法三：按"F5"快捷键，从头放映演示文稿。

四、打包演示文稿

当用户将演示文稿拿到其他计算机中播放时，如果该计算机没有安装PowerPoint程序，或者没有演示文稿中所链接的文件以及所采用的字体，那么演示文稿将不能正常放映。此时，可利用PowerPoint提供的"打包成CD"功能，将演示文稿和所有支持的文件打包，这样即使计算机中没有安装PowerPoint程序也可以播放演示文稿了。具体操作如下：

（1）在打开的演示文稿"自我介绍.pptx"中，单击"文件"选项卡，从弹出的面板中选择"保存并发送"命令，然后双击"将演示文稿打包成CD"按钮，弹出"打包成CD"对话框，如图5-3-5所示。

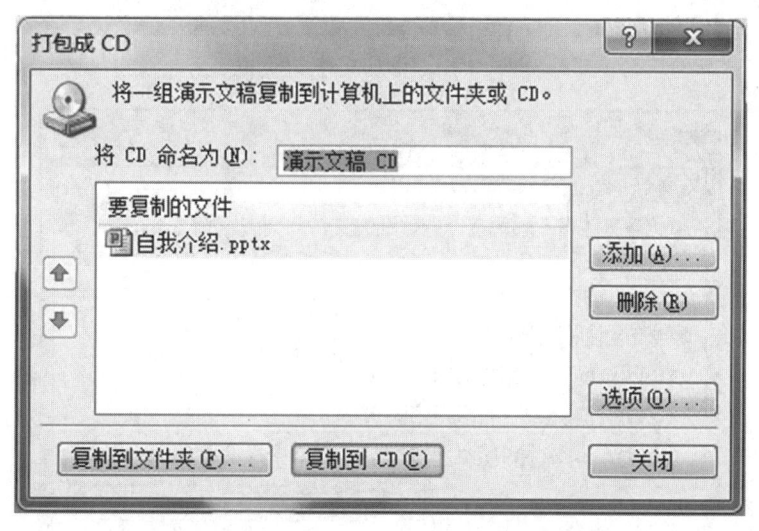

图5-3-5 "打包成CD"对话框

（2）在"打包成CD"对话框中，如果希望直接将演示文稿打包到CD光盘中，就只需修改"将CD命名为"文本框中的名称。如果用户还想添加其他文件，可单击"添加"按钮，弹出"添加文件"对话框，如图5-3-6所示。在该对话框中，选择要添加的幻灯片所在的位置，选中幻灯片后，单击"添加"按钮，即可将文件添加到"打包成CD"对话框。

（3）如果想要在其他计算机上正常播放演示文稿中的音频或视频文件，单击"选项"按钮，在弹出"选项"的对话框中选中"链接的文件"复选框。如果想要确保打包的演示文稿在其他计算机上保持正确的字体，在该对话框中选择"嵌入的TrueType字体"复选框，如图5-3-7所示。另外，还可以设置打开和修改演示文稿的密码以及检查演示文稿中是否包含隐私数据。

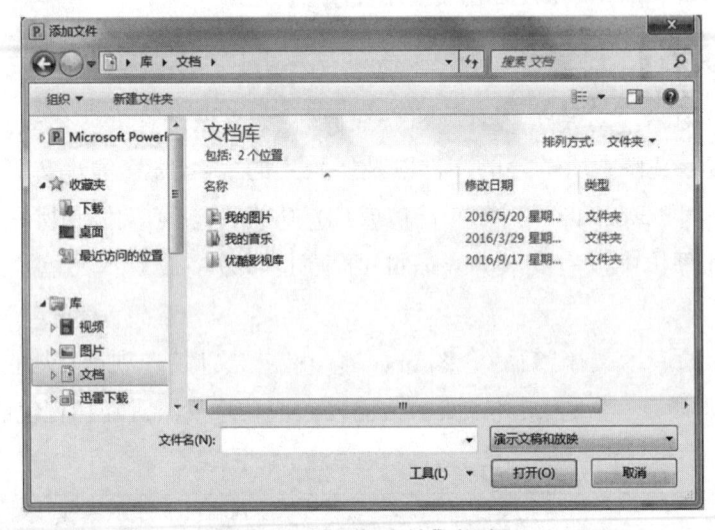

图5-3-6 "添加文件"对话框

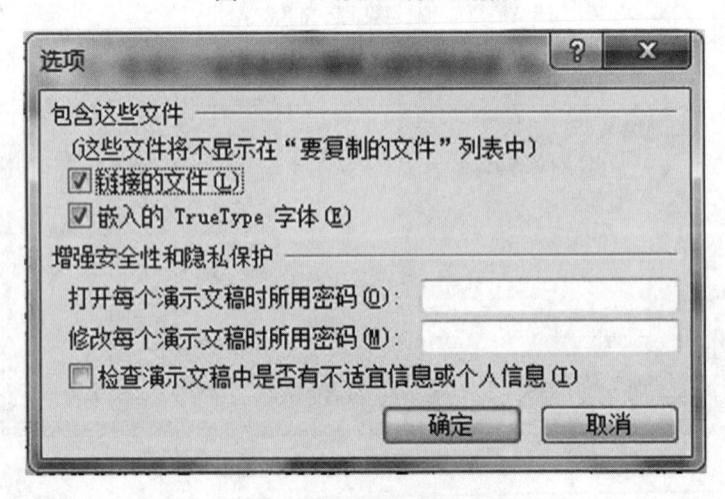

图5-3-7 "选项"对话框

(4)设置完成后,单击"确定"按钮,关闭"选项"对话框,返回到"打包成CD"对话框中。单击"复制到文件夹"按钮,弹出"复制到文件夹"对话框,输入文件夹名称"自我介绍"打包文件。选择文件的存放路径为"D:\我的文档\",如图5-3-8所示。

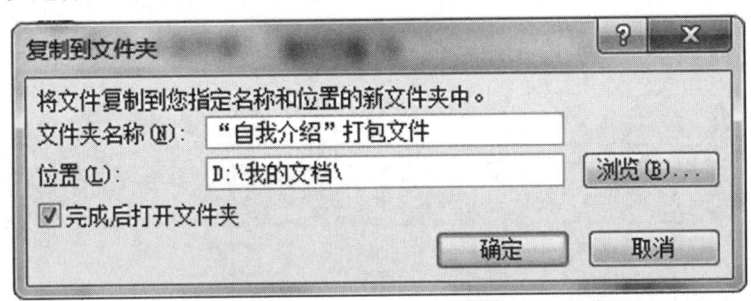

图5-3-8 "复制到文件夹"对话框

(5)在该对话框中单击"确定"按钮,返回到"打包成CD"对话框中,单击"关闭"按钮即可。

任务拓展

1.按下列要求制作演示文稿。

(1)创建一个演示文稿,要求演示页数量为2页。在幻灯片母版中插入一个"计算机"剪贴画,调整大小,使其置于幻灯片的右下角。

(2)第一页:主标题为"幻灯片的制作",字体为"华文新魏",字号为"72",字体颜色为"黑色";副标题内容分成两行显示,分别为"母版的使用"和"自选图形的绘制",字体为"仿宋",字号为"36",字体颜色为"红色"。

(3)第二页:利用自选图形绘制一只蝴蝶,进入路径设置为"飞入"。

(4)在第一页中插入音乐,使其贯穿整个幻灯片的放映,并隐藏音乐图标。

(5)设置幻灯片的切换方式为:每隔5秒。

2.按下列要求制作演示文稿。

(1)创建一个演示文稿,要求演示页数为3页。

(2)第一页:输入两行文字,分别为"设置动画效果"和"制作超级链接",使其分别位于幻灯片中间的上下两行。

(3)第二页:插入一个剪贴画"苹果",并自己绘制一条动作路径;幻灯片的切换效果为"华丽型"组的"基本旋转"。

(4)第三页:自己添加几行文字,字体为"隶书",字号为"32",颜色为"红色",行距为"1.1",文字的进入效果为"温和型"组的"基本缩放";插入两个随机剪贴画,动画效果分别设置成上浮和下浮。演播顺序为：自动显示第一个剪贴画，单击鼠标，3秒后显示文字，再次单击鼠标，显示第二个剪贴画。

（5）在第一页中制作超级链接，当鼠标单击"设置动画效果"后，幻灯片进入第二页，当鼠标单击"制作超级链接"时，幻灯片进入第三页。

任务评价

评价内容	评价标准	分值	学生自评	老师评估
PowerPoint窗口界面	能熟悉PowerPoint窗口界面，掌握各快捷图标的使用方法	10		
PowerPoint基本操作	能建立、打开、保存演示文稿	10		
幻灯片制作	能按主题制作简单内容	10		
幻灯片修饰	能按要求对幻灯片进行设置	10		
幻灯片的切换	能按要求制作多样的幻灯片切换方式	10		
设置动画效果	能按要求添加适当的动画效果	10		
设置放映方式	设置不同的放映效果，能精彩展示演示文稿	10		
打包演示文稿	能按要求正确打包演示文稿	10		
情感评价	具备基本的审美观	20		
学习体会				

项目六

常用工具软件

前面已经介绍了Office系列办公组件,它虽然具有强大的文字处理、数据处理、动态演示文稿和数据库管理等功能,但在现实生活和工作中还有很多工作是Office系列办公组件无法完成或者难以完成的,比如照片的美化、音乐格式转换、电脑病毒的去除等。本项目从常用工具软件的介绍到使用,逐步提高你的计算机的使用能力。

知识目标

1. 了解压缩软件的用途。
2. 了解格式转换软件的用途。
3. 了解美图秀秀的用途。
4. 了解杀毒软件作用。

技能目标

1. 能利用WinRAR软件进行压缩和解压的操作。
2. 能利用格式工厂对视频进行格式的转换。
3. 能利用美图秀秀完成登记照片的制作。
4. 能利用杀毒软件对电脑系统进行查毒和杀毒的处理。
5. 通过常用工具软件的学习,为自动化办公奠定基础。

情感目标

1. 培养学生分析问题、解决问题的能力。
2. 培养学生的团队协作能力。

项目六　常用工具软件

任务一　压缩软件的使用

🧭 任务目标

通过简单的压缩打包和解压缩的使用，了解 WinRAR 的概念，熟悉 WinRAR 的基本功能，基本掌握 WinRAR 的使用方法。

📄 任务分析

对本次任务分解如下：

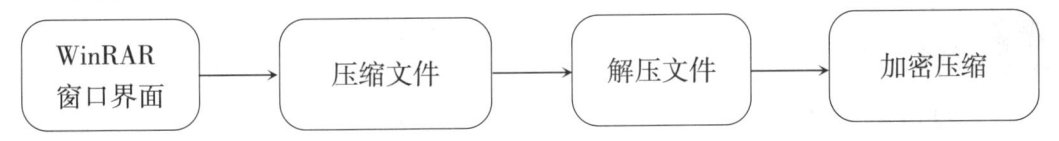

```
WinRAR窗口界面 → 压缩文件 → 解压文件 → 加密压缩
```

🌐 知识储备

WinRAR 是一款流行的压缩工具，界面友好，使用方便。WinRAR 内置程序可以解开 CAB、ARJ、LZH、TAR、GZ、ACE、UUE、BZ2、JAR、ISO 等多种类型的档案文件、镜像文件和 TAR 组合型文件，能有效节省多类文件体积，利于传输，大大方便了使用。WinRAR 的主要功能非常强大，常用主要功能有：常规和多媒体压缩；处理非 RAR 压缩文件；支持长文件名；建立自解压缩文件（SFX）的能力；损坏的压缩文件的修复，身份验证；文件注释和加密等。下面我们就一起来熟悉 WinRAR 软件的界面。

215

启动WinRAR后,可以看到如图6-1-1所示的界面。

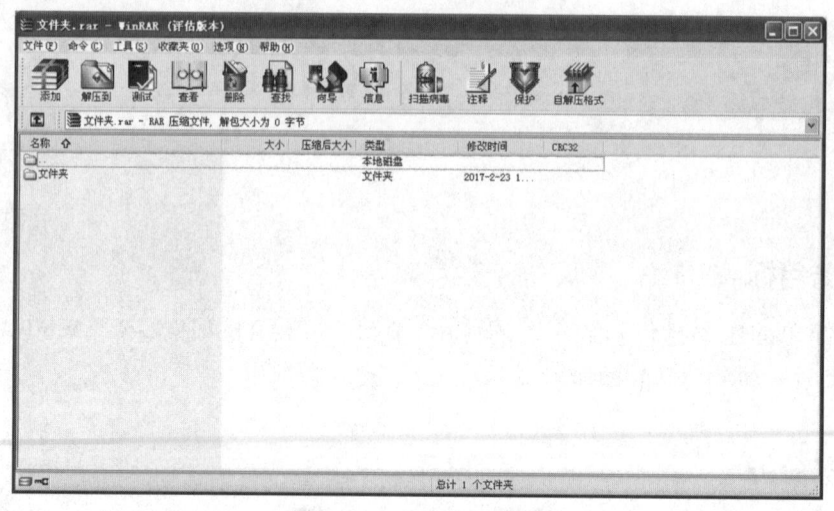

图6-1-1　WinRAR界面

任务实施

一、压缩新建的文件夹

压缩文件的方法有多种,下面我们介绍常用的两种。

方法一:右键单击新建的文件夹,出现图6-1-2所示界面,选择"添加到……",开始压缩,压缩完毕后,当前路径下出现命名为"新建文件夹"的压缩文件。

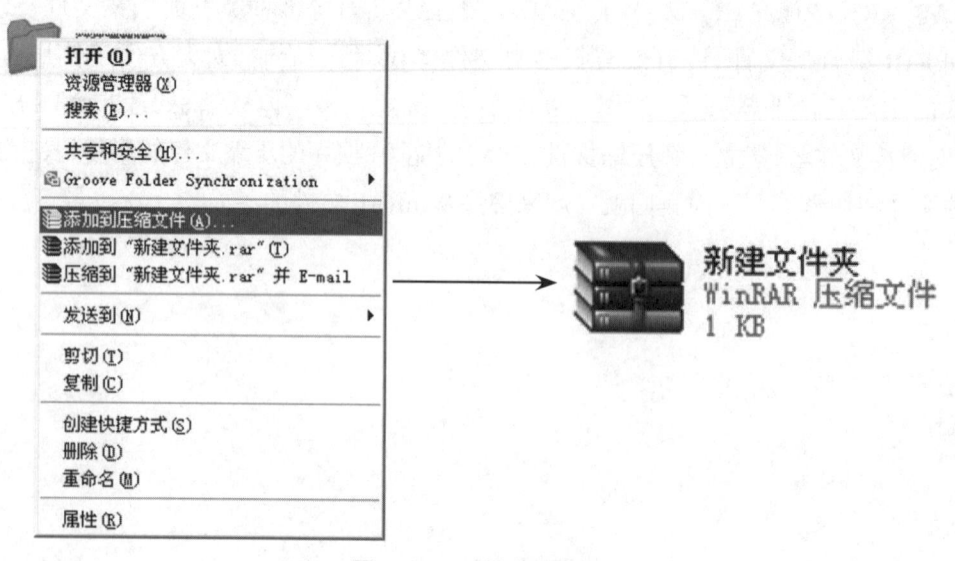

图6-1-2　压缩文件夹

方法二：如图6-1-3所示，单击功能区右下方的下拉选单，选择新建文件夹所在路径，选择"新建文件夹"，单击"添加"。

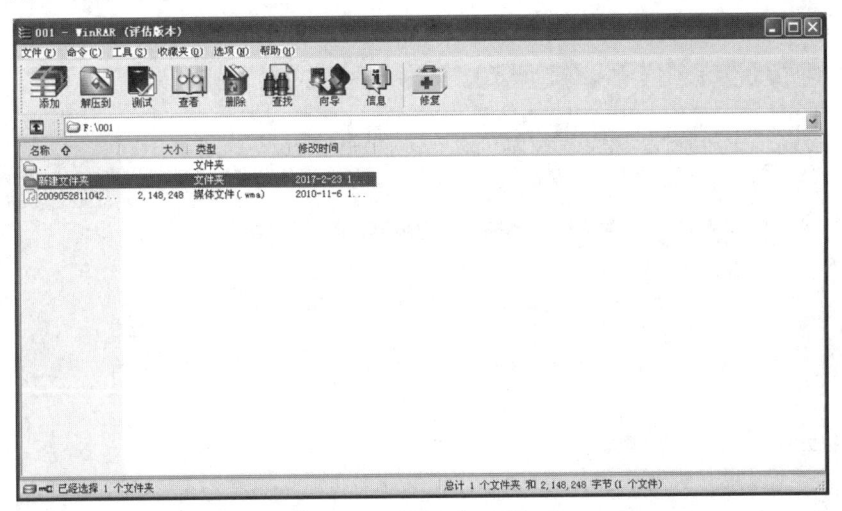

图6-1-3 添加到所需路径

点击添加后，将出现如图6-1-4的对话框。单击"浏览(B)..."按钮选择压缩文件存储路径，可根据需要选择压缩文件格式及压缩方式。

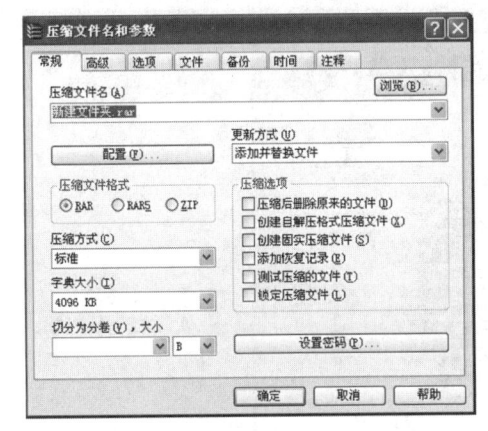

图6-1-4 设置压缩文件名和参数

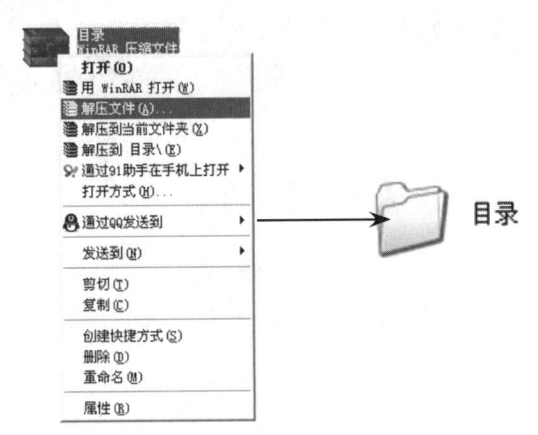

图6-1-5 解压文件

二、解压文件

方法一：右键单击压缩文件，弹出如图6-1-5的选单，选择"解压到……"，开始解压缩。解压后会出现与当前文件同名的文件夹，该文件夹即为解压缩后的文件。

方法二：利用解压软件WinRAR的窗口界面,同样可以实现解压缩。选择用Win-RAR打开或点击快捷键"W",出现如图6-1-6界面,通过"文件"命令打开压缩文件或下拉选单选择压缩文件的路径,打开该文件,单击"解压到",实现解压缩。

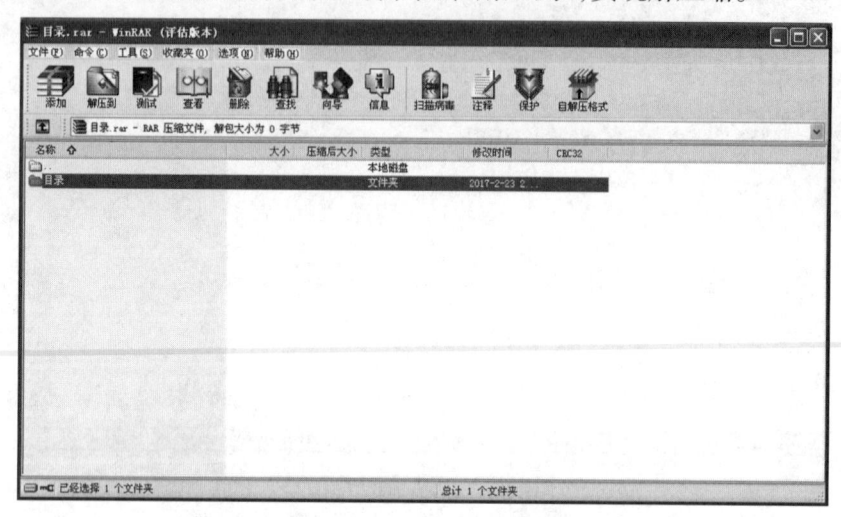

图6-1-6 解压到所需路径

点击后,将出现如图6-1-7的对话框,通过下拉选单或右侧选择确定解压后文件的存储路径,并且可根据需要选择更新方式和覆盖方式。

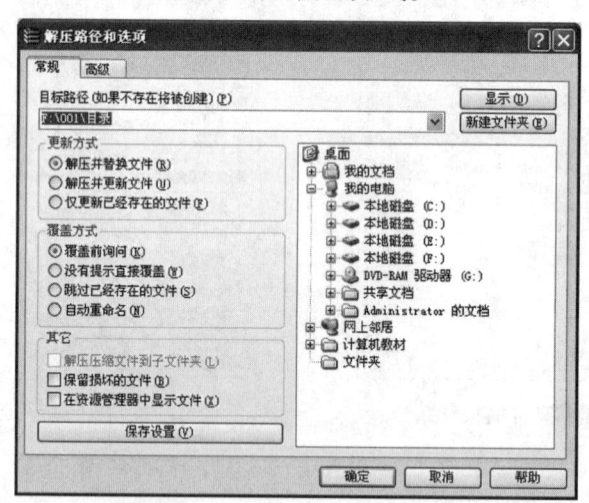

图6-1-7 设置解压路径和选项

三、加密压缩

对于某些重要的保密文件,压缩的过程中可添加密码,以确保文件的安全。步骤如下:首先右击要压缩的文件或文件夹,从弹出的快捷选单中选择"添加到压缩文件",在

"压缩文件名和参数"对话框的高级选项卡中单击"设置密码"按钮。如图6-1-8。

图6-1-8　设置压缩文件名和参数

在随后弹出的"带密码压缩"对话框中设置好密码,再点击"确定"按钮,开始压缩。

小贴士

大家记住,遇到单个文件不能超过一定大小的限制时,对于超大文件压缩,可以在图6-1-4"压缩文件名和参数"对话框下对"切分为分卷,大小"进行设置,把单一文件分成几段来压缩,从而实现化整为零。

任务拓展

在"D:\My Documents\"路径新建一个名为"作业"的文件夹,将前期Office作业放入文件夹中,将该文件夹压缩为同名的压缩文件,并设置"111111"的密码。然后将压缩文件中所有的Excel文件解压。

任务评价

评价内容	评价标准	分值	学生自评	老师评估
WinRAR窗口界面	熟悉WinRAR窗口界面,掌握各快捷图标的使用方法	10		
WinRAR基本操作	能压缩文件	30		
	能解压文件	30		
	能加密压缩文件	20		
情感评价	具备分析问题、解决问题的能力	10		
学习体会				

项目六 常用工具软件

任务二 视频格式转换软件的使用

任务目标

通过对格式工厂软件的安装和对指定视频进行格式转换的操作,从而具备视频格式转换的能力。

任务分析

对本次任务做如下分解:

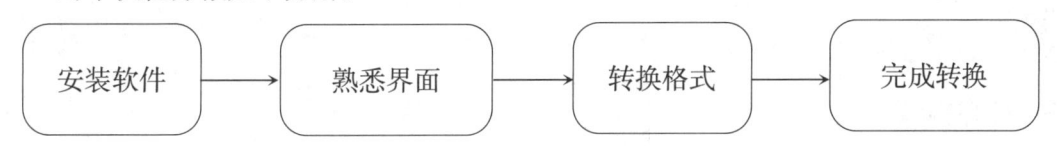

安装软件 → 熟悉界面 → 转换格式 → 完成转换

知识储备

格式工厂(Format Factory)是视频、图片等格式转换客户端软件,现拥有音乐、视频、图片等领域庞大的忠实用户。

双击格式工厂安装图标后,可以看到如图6-2-1所示的界面。

图6-2-1 格式工厂安装界面

221

点击"一键安装",后点击"下一步"到"立即体验"后出现以下界面,安装到此结束。

图6-2-2 格式工厂软件的窗口界面

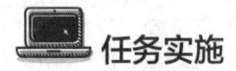

任务实施

一、打开视频

启动格式工厂后,选择需要输出的格式,并设置好输出保持的位置以及文件的分辨率。在软件界面左侧出现各种选项,如图6-2-3所示,需要转换音频或视频就选择相应的选项栏。现以转换视频为例,想将视频转换成AVI格式,选择视频栏中的AVI格式。后将弹出配置对话框,如图6-2-4所示,点击输出配置选择"低质量和大小"后点击"添加文件",选择要转化的文件,后点"确定"按钮,如图6-2-5所示。

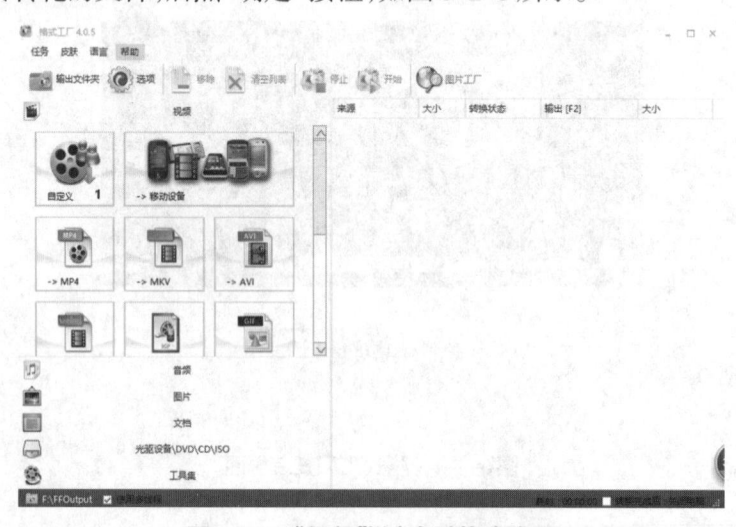

图6-2-3 "视频"栏中各种格式选项

图6-2-4 配置对话框

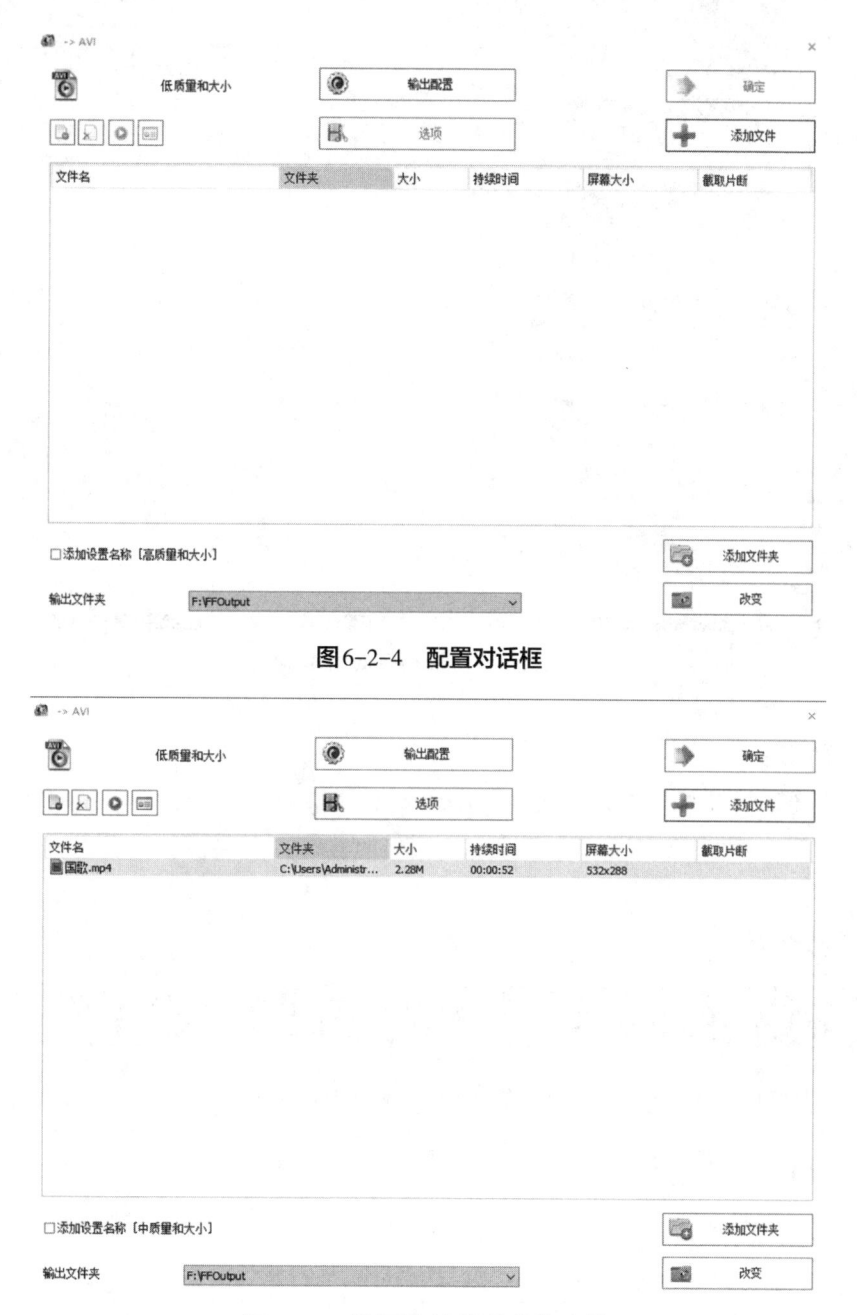

图6-2-5 选择输出配置和添加文件

二、运行转换

格式工厂运行格式转换比较简单,点击"开始"按钮,后软件将自动运行,我们只需要等待软件转换出现"完成"就可以了,如图6-2-6所示。

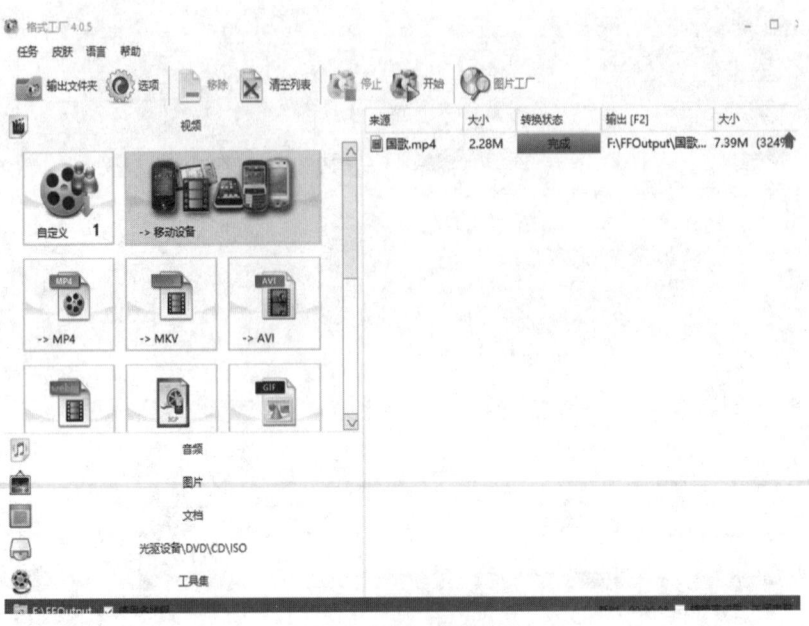

图6-2-6 软件转换完成

任务拓展

用自己的手机录制一段生活学习视频,并将其转化为高质量AVI格式视频在电脑上播放。

任务评价

评价内容	评价标准	分值	学生自评	老师评估
格式工厂窗口界面	熟悉格式工厂软件窗口界面	10		
输出文件格式和大小	能根据需求设置输出文件的格式和大小	40		
输出文件存放	能根据要求设置输出文件的存放位置	20		
格式转换	能进行转换	20		
情感评价	具备分析问题、解决问题的能力	10		
学习体会				

项目六　常用工具软件

任务三　图形处理软件的使用

任务目标

通过将生活照片处理为登记照的过程,熟悉美图秀秀的窗口界面,能调整登记照片的大小,能对图片进行抠图和美化并排版,从而具备简单处理图片的能力。

任务分析

对本次任务做如下分解:

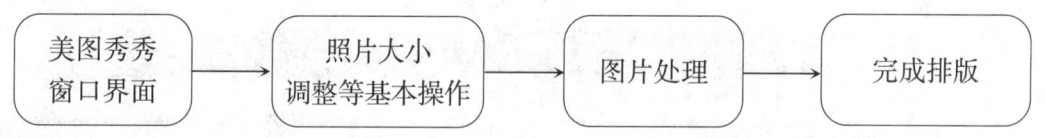

美图秀秀窗口界面 → 照片大小调整等基本操作 → 图片处理 → 完成排版

知识储备

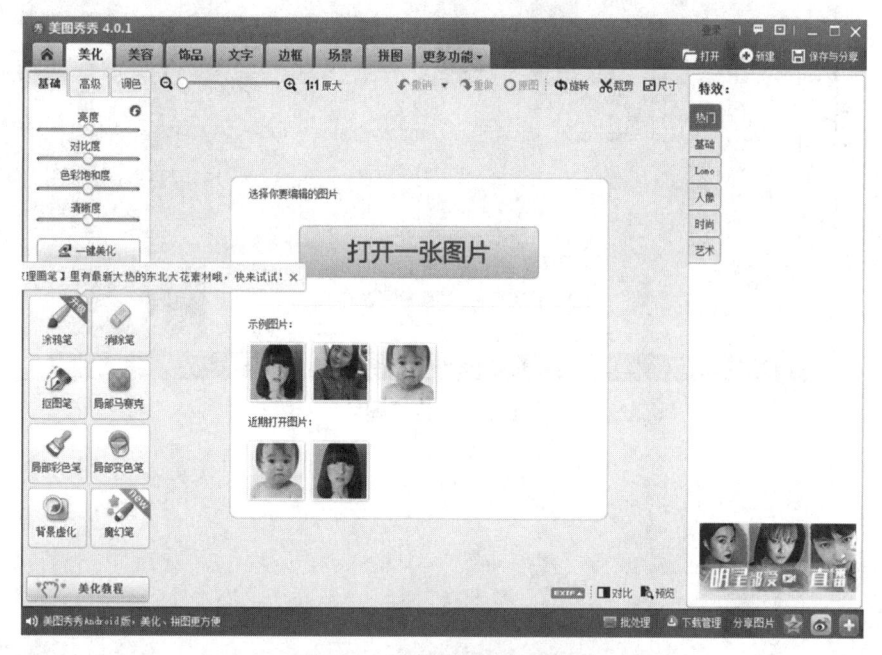

图6-3-1　美图秀秀窗口界面

225

计算机实用技能

美图秀秀是一款很好用的免费图片处理软件,通过简单的学习就会使用。美图秀秀独有的美化、美容、拼图、场景、边框、饰品等功能,加上一直更新的素材,可以让用户很快做出媲美影楼级效果的照片。启动美图秀秀后,可以看到如图6-3-1所示的界面。

任务实施

一、打开照片

打开一张图片,如图6-3-2所示,选择调整一下尺寸。尺寸可以根据需要制作的大小来调整。因为图片像素的不同,显示的比例不一,为保证图片效果,要不停地尝试调整尺寸。

二、调整图片大小

调整照片尺寸,如图6-3-3所示。根据照片实际,更改了宽度后,高度自动改动。如果照片横向比较大,可以适当更改一下高度、宽度的比例。

图6-3-2　打开图片

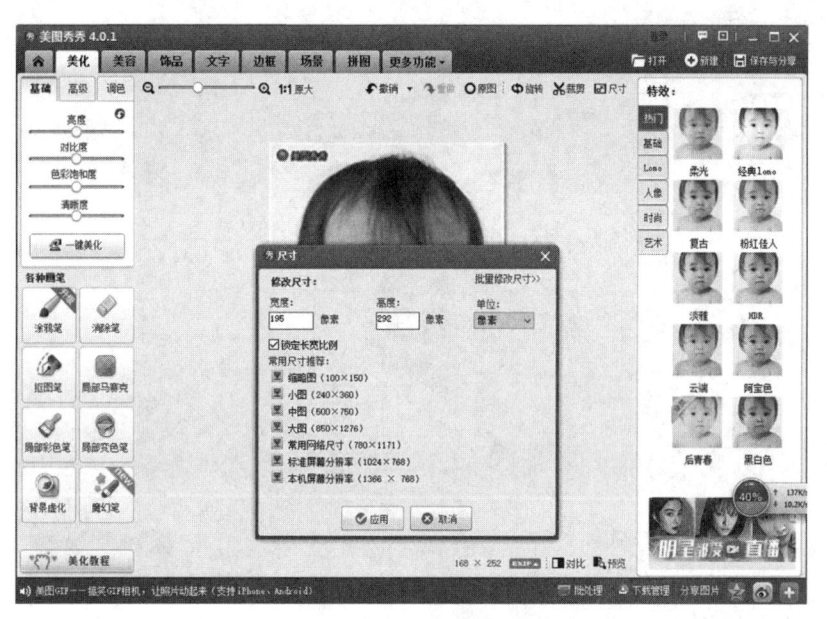

图6-3-3 调整图片

三、抠图并修改

如果照片的底色不是蓝色或者红色，还需要多一步，抠图更换背景。选择自动抠图，如图6-3-4所示，整个人像便自动抠出，如图6-3-5所示，点击"完成抠图"，抠图完成。

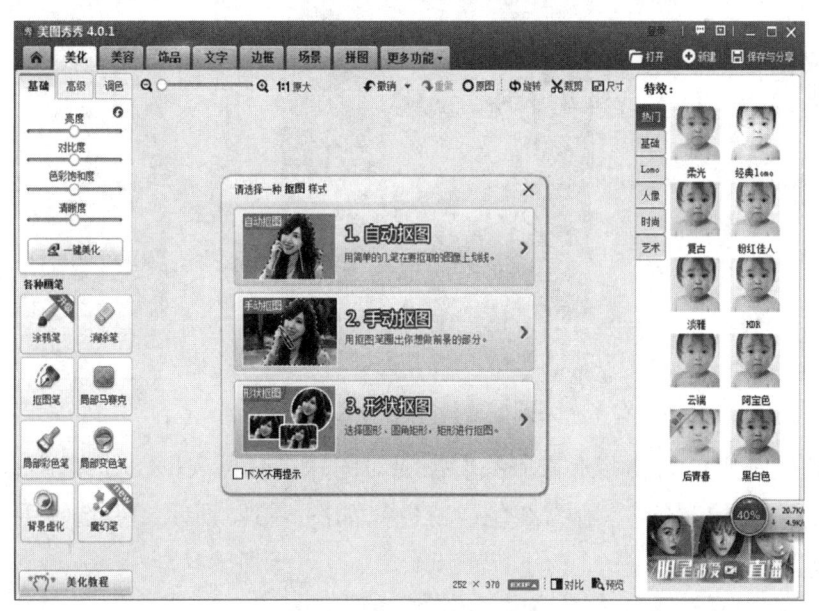

图6-3-4 抠图方式选择

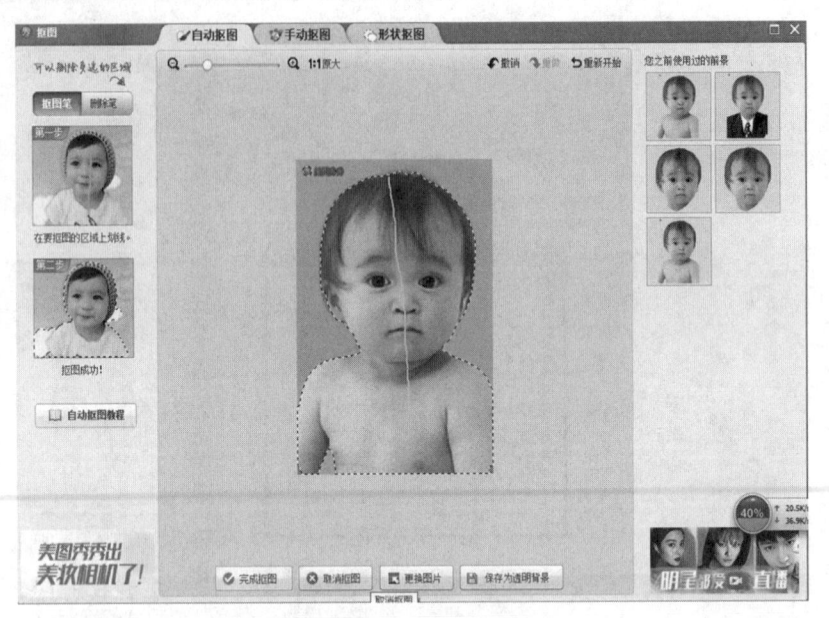

图6-3-5 自动抠图

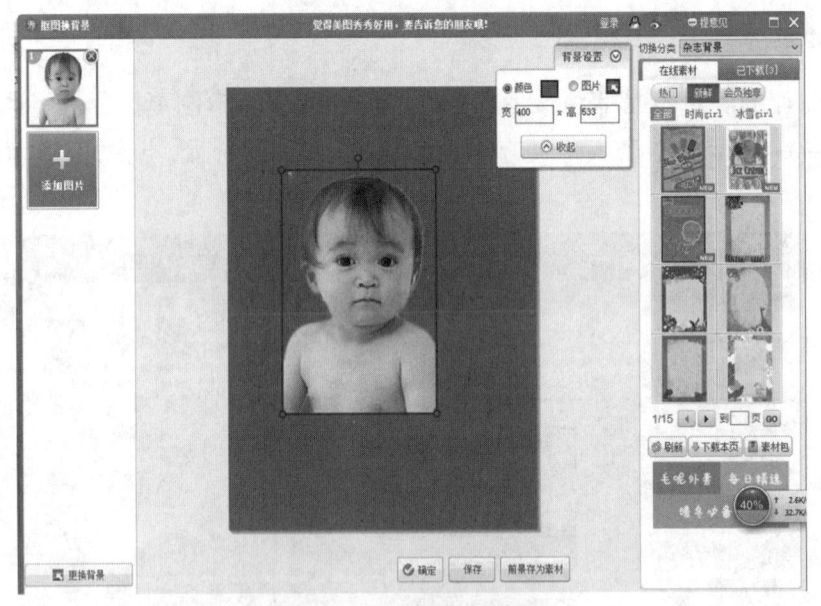

图6-3-6 背景颜色选择

为了让图片上的人物穿上衣服我们需要对图片进行再次抠图处理,但首先需将背景色设置为需要的颜色(一般为红色或蓝色),如图6-3-6所示。后选择手动抠图,如图6-3-7所示。

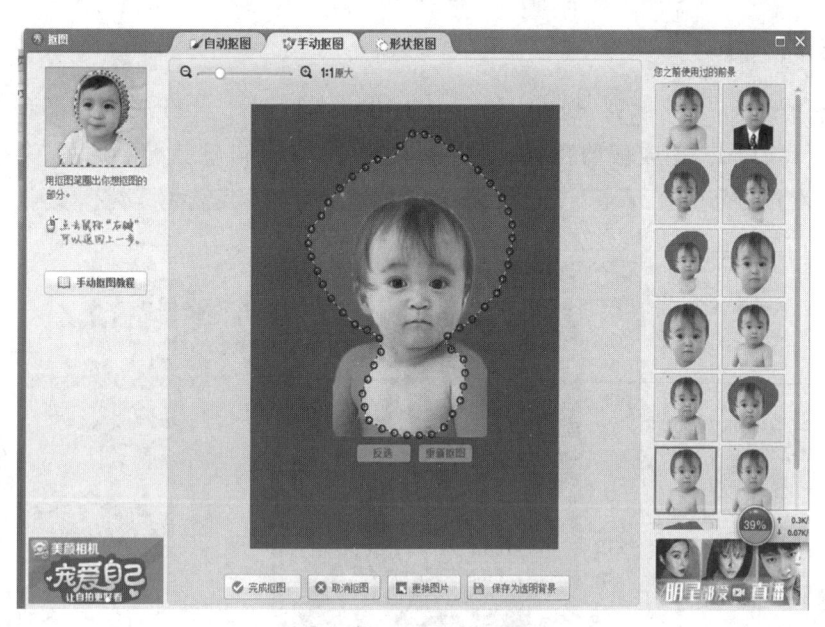

图6-3-7 手动抠图

四、添加饰品并修改

进入"饰品"选单,选择"证件照"分类,挑件合适的衣服,再适当地调节服装的大小和位置,然后鼠标右键选择"合并当前素材"。最后效果如图6-3-8所示。

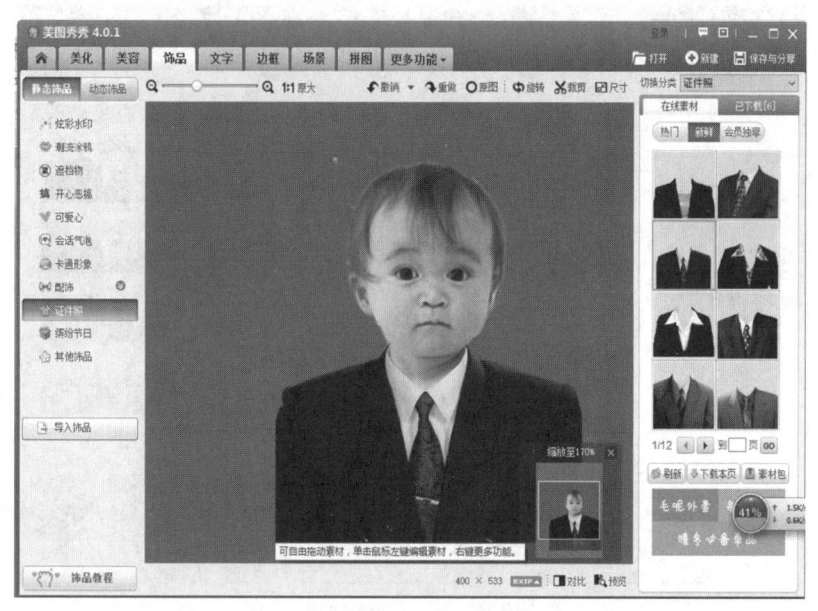

图6-3-8 添加饰品

五、设置照片大小

回到主界面,点击"裁剪"按钮;在左下角可以选择"1寸证件照",如图6-3-9所示,自动设置宽高,单击"完成裁剪"后如图6-3-10所示,保存自己裁剪的原图,命名后备用。

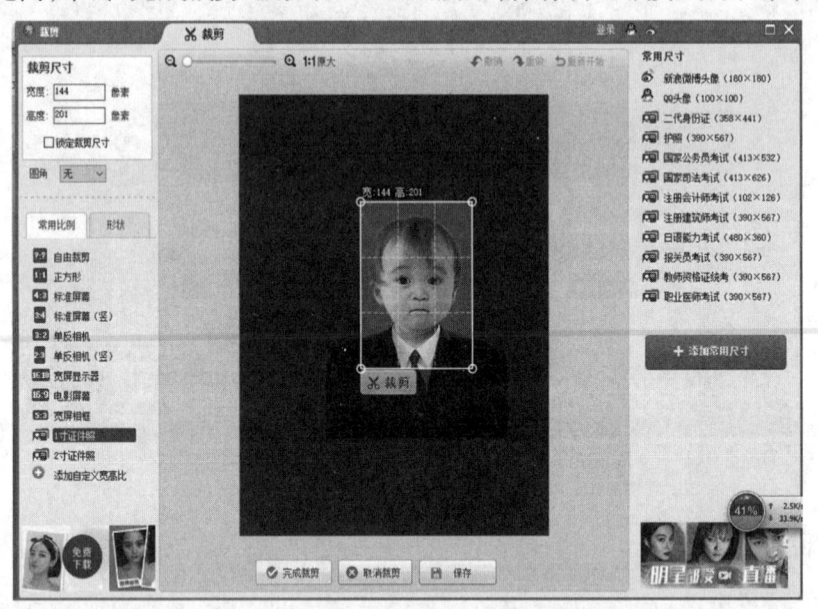

图6-3-9　选择"1寸证件照"自动设置宽高

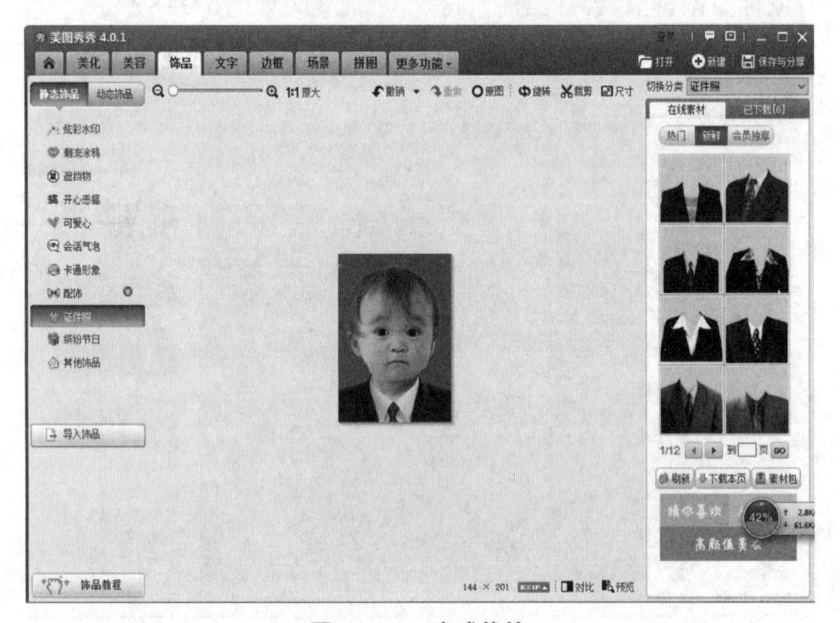

图6-3-10　完成裁剪

六、拼接照片

　　点击选单栏中"拼图"选项,选择刚才保存的图片,选择"图片拼接",添加图片后选择"横竖版",切换为横版,保存作为模板,如图6-3-11所示。打开刚刚保存好的四联张,重复以上添加的动作,如图6-3-12所示,形成两个并保存。

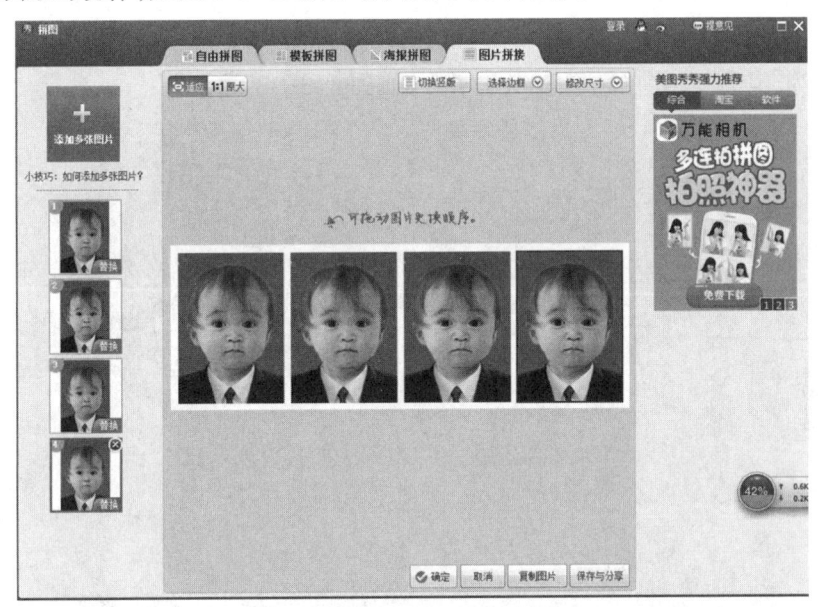

图6-3-11　拼接四联张

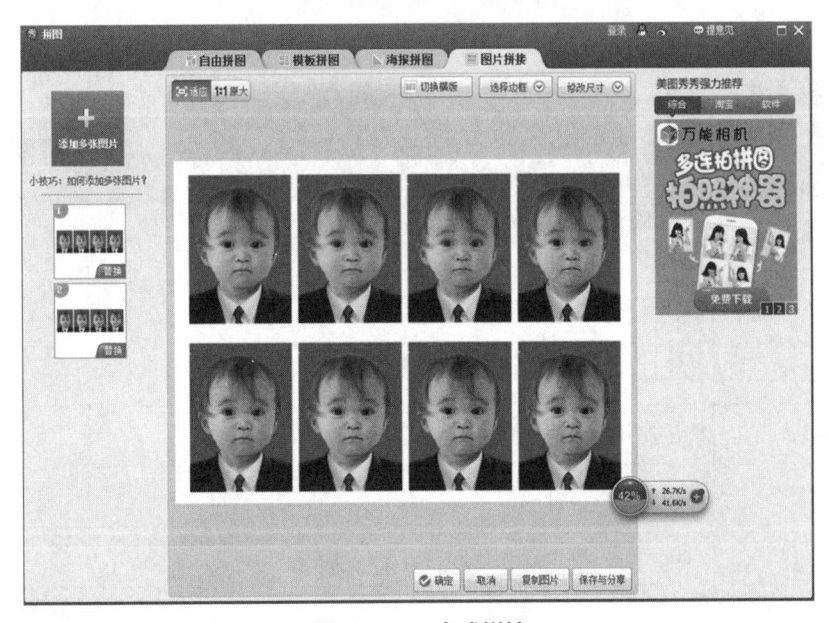

图6-3-12　完成拼接

计算机实用技能

> **小贴士**
> 大家记住，在操作的时候出现不可挽回的错误时，记得用撤销功能并随时选择"保存"命令。

任务拓展

选择多张生活照，并将它们美化并拼接，如图6-3-13所示。

图6-3-13 美化图片效果

任务评价

评价内容	评价标准	分值	学生自评	老师评估
美图秀秀窗口界面	能熟悉美图秀秀窗口界面，掌握各图标的功能	10		
美图秀秀基本操作	能建立、打开、保存图片	20		
抠图操作	能自动抠图和手动抠图	30		
添加调整饰品	能添加并根据图片调整大小	20		
拼接图片	能对图片进行拼接	10		
情感评价	具备分析问题、解决问题的能力	10		
学习体会				

任务四　杀毒软件的使用

任务目标

通过对杀毒软件卡巴斯基进行安装和使用其进行查毒、杀毒，了解软件卡巴斯基的安装方法，熟悉其基本功能，基本掌握其使用方法。

任务分析

对本次任务分解如下：

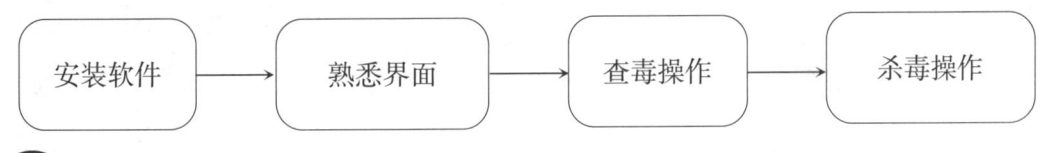

安装软件 → 熟悉界面 → 查毒操作 → 杀毒操作

知识储备

一、计算机病毒

计算机病毒指"编制者在计算机程序中插入的破坏计算机功能或者破坏数据，影响计算机使用并且能够自我复制的一组计算机指令或者程序代码"。它能潜伏在计算机的存储介质（或程序）里，条件满足时即被激活，通过修改其他程序的方法将自己的精确拷贝或者可能演化的形式放入其他程序中。从而感染其他程序，对计算机资源进行破坏，所谓的病毒就是人为造成的，对其他用户的危害很大。

二、杀毒软件

杀毒软件也称反病毒软件或防毒软件，是用于消除电脑病毒、特洛伊木马和恶意软件等计算机威胁的一类软件。杀毒软件通常集成监控识别、病毒扫描和清除和自动升级等功能，有的杀毒软件还带有数据恢复等功能，是计算机防御系统的重要组成部分。杀毒软件是一种可以对病毒、木马等一切已知的对计算机有危害的程序代码进行清除的程序工具。

三、卡巴斯基

卡巴斯基反病毒软件是世界上拥有最尖端科技的杀毒软件之一，卡巴斯基反病毒软件功能全，可简单化也可专业化，对国内病毒反应一般要比其他同类产品快。但是它与系统结合不太好，系统资源占用较大。

任务实施

一、卡巴斯基的安装

卡巴斯基的核心功能对个人用户是免费的，所以我们可以到其官网进行下载。下载完成后双击安装包图标，根据提示进行安装，安装过程如图6-4-1所示。

图6-4-1　安装过程

二、软件注册

卡巴斯基可以免费使用一年,在注册/登录首页(如图6-4-2所示)点击"立即注册",进入注册界面,输入能收到邮件的邮箱,并设置密码,如图6-4-3所示,点击"创建一个账号",邮箱就会收到一封激活邮件,然后去邮箱点击激活邮件,注册完成。

图6-4-2　注册/登录首页

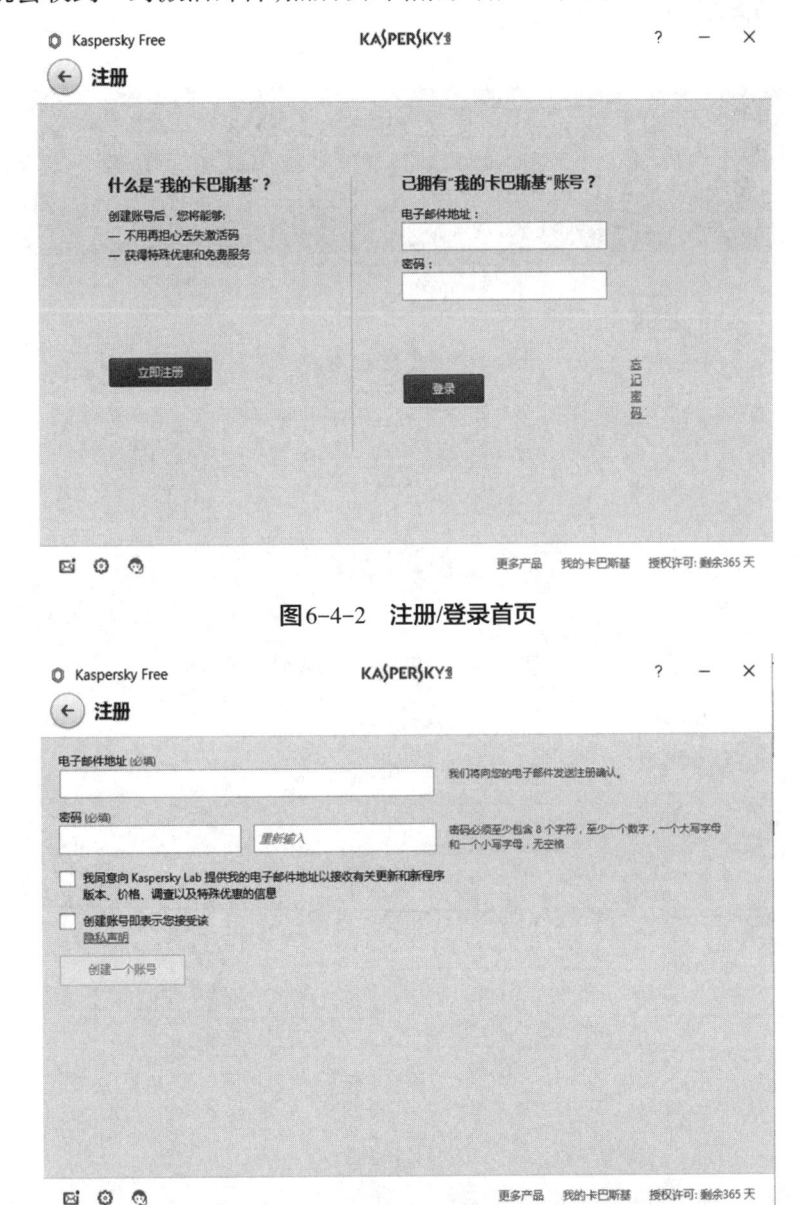

图6-4-3　注册输入电子邮件地址和密码

三、软件使用

1.数据库更新

卡巴斯基在激活成功后会出现图6-4-4所示界面,选择"数据库更新",然后选择"运行更新",如图6-4-5所示。

图6-4-4　成功激活后界面

图6-4-5　运行更新界面

2.设置

软件更新完成后,用户可以根据自己的使用习惯设置。

3.扫描

当设置完成或者在使用过程中发现计算机有异常情况时,比如计算机突然运行变慢或者突然系统崩溃等,这时就要怀疑是计算机中毒或者有异常软件在运行,可以运行卡巴斯基对系统进行扫描。扫描又分为:全盘扫描、快速扫描、可选择扫描、外部设备扫描。

全盘扫描对所有的存储器进行扫描,花费的时间长,但是查杀的病毒全面。快速扫描对系统启动时加载的对象进行扫描,花费的时间短,但容易漏杀病毒。

可选择扫描对指定的文件夹或者区域进行扫描。

外部设备扫描对计算机外接的设备比如手机、U盘、移动硬盘等设备进行扫描。

扫描时如果发现病毒会出现如图6-4-6的界面,让用户选择。如果勾选"应用到所有",以后每次扫描发现病毒都将按此次的选择操作而且不会再出现这个对话框,以减少操作的时间。

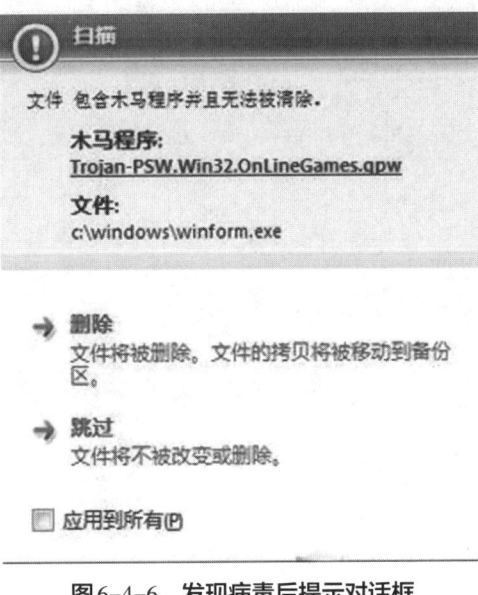

图6-4-6 发现病毒后提示对话框

计算机实用技能

任务拓展

将使用的手机与计算机连接,并只扫描手机。

任务评价

评价内容	评价标准	分值	学生自评	老师评估
卡巴斯基的安装	掌握卡巴斯基的安装方法	10		
卡巴斯基的注册	掌握卡巴斯基的注册方法	10		
卡巴斯基的使用	能升级病毒库	10		
	能进行软件设置	20		
	能进行4种扫描并了解其区别	40		
情感评价	具备分析问题、解决问题的能力	10		
学习体会				